NATÜRLICH KÖLN

1. Auflage 2015

© 2015 Verlag Kiepenheuer & Witsch, Köln –
Lizenzgeber: Labonté Köhler Osnowski Verlagsgesellschaft mbH, Köln

Lektorat: Doreen Reeck, Köln
Umschlaggestaltung: Philipp Niermann/LKO, Köln
Foto Umschlag: Sven Meurs, Köln
Fotos Innenteil: Sven Meurs, Köln; S. 34, 68, 87: istockphoto.com
Satz und Layout: Inga Menkhoff, Köln

ISBN 978-3-462-03846-0

SVEN MEURS

NATÜRLICH KÖLN

Wildnis in der Großstadt

INHALT

INHALT

INNENSTADT

INNENSTADT

Dicht gedrängt leben fast 8000 Menschen pro Quadratkilometer in fünf Veedeln rund um die pulsierenden Einkaufs- und Partymeilen der Innenstadt. Geprägt von Neonreklamen, Verkehr und Menschenmengen gibt der Bezirk erst auf den zweiten Blick seine (Natur-)Schönheiten preis. Sei es der vereinzelte Löwenzahn, der sich in einer Ritze zwischen Straße und Häuserfassade seinen Platz im Betondschungel erstreitet, oder die Abertausenden Osterglocken, die uns Kölnern alljährlich in leuchtend gelber Blütenpracht klarmachen, dass der Frühling in die Stadt eingezogen ist.

Trotz Hektik, Lärm und Licht scheint dennoch genug Platz für ein Miteinander von Mensch und Natur zu sein. Wo einst massive Steinmauern die Grenze des mittelalterlichen Cölln bildeten, umspannt heute, 20 Gehminuten vom Dom entfernt, der Grüngürtel die Innenstadt. Rechtsrheinisch ist noch Platz für großflächige Wiesen am Mülheimer Rheinufer und rund um den Deutzer Hafen. Und selbst von der viel besuchten linksrheinischen Uferpromenade aus kann man früh am Morgen wunderschöne Sonnenaufgänge ganz für sich alleine genießen. Am Rheinufer fliegen Lachmöwen umher, die liegen gelassene Lebensmittel ergattern. Von den Dachrinnen krächzen Elstern und Krähen um die Wette und im Hinterhof klettern Eichhörnchen über die Äste alter Bäume. Die Natur lebt in der Innenstadt, auch wenn man sich manches Mal fragt, was der über den Dächern kreisende Mäusebussard wohl im dicht geflochtenen Netz der Kölner Einbahnstraßen zu finden hofft.

Natur erleben

Es ist immer wieder das Gleiche: Wer die Stadtnatur für sich alleine haben will, der muss früh raus. Schon weit vor Sonnenaufgang sollte der Wecker schellen, um pünktlich am linken Rhein-ufer der aufgehenden Sonne zusehen zu können. Frühaufsteher sind also klar im Vorteil und werden mit Natur pur mitten im Stadtgebiet belohnt. Vom Konrad-Adenauer-Ufer hat man den besten Blick auf das Spektakel. Die Sonne taucht den Rhein in zarte Orangetöne und verwan-delt den Bewuchs des Ufers in dunkle Silhouetten. Die Häuser, Kirchtürme und Lagerhallen ver-schwimmen zu schwarzen Umrissen und fügen sich harmonisch in die Landschaft ein. Leider ist dieses Schauspiel nur von kurzer Dauer. Wenn die Sonne an Höhe gewinnt, verlieren die Farben ihre Intensität und die Stadt beginnt, zu erwachen.

DER GRÜNGÜRTEL

Gespickt mit so bekannten Parks wie dem Aachener Weiher, dem Volks- und Stadtgarten, aber auch vielen namenlosen Grünflächen ist er wohl das im wahrs-ten Wortsinn natürlichste Stück der Kölner Innenstadt. Mittlerweile haben wir Kölner entdeckt, dass auch der Grüngürtel besonderen Schutz verdient. Statt noch mehr Straßen zu weichen, sollte das Gebiet eher ausgeweitet werden.

MÄUSEBUSSARD

Wissenschaftliche Bezeichnung:
Buteo buteo

Erscheinung: Der Mäusebussard ist der am häufigsten vorkommende Greifvogel im Bundesgebiet, auch hier in Köln ist er oft zu beobachten. Mit seinen 130 cm Spannweite zählt er zu den größeren Arten. Mäusebussarde können von dunkelbraun bis fast weiß gefärbt sein, besitzen also eine sehr variable Farbgebung, wobei die Brust oft heller ist als das übrige Gefieder. Die Beine und Füße, Greife genannt, sind gelb und tragen keine Federn. Unverwechselbar ist im Vergleich zu anderen Greifvögeln der kurze Stoß (Schwanzgefieder) mit mindestens acht schmalen Querbinden.

Nahrung: Mäuse und andere Kleintiere, Amphibien, selten Vögel oder Aas

Wissenswertes: Der Mäusebussard baut hoch in den Bäumen große, offene Nester (Horste) aus Ästen und Zweigen, die er mit Gras oder Moos auspolstert. Zwischen März und August werden in ca. 32 Tagen zwei bis vier Eier bebrütet. Immer wieder sieht man den Mäusebussard über Parks und Feldern in der Luft kreisen. Auf der Suche nach Nahrung inspiziert er selbst kleinste Grünflächen im Stadtgebiet oder sitzt – nach potenziellen Beutetieren spähend – auf Autobahnschildern und Pfeilern.

Lebensraum: Ihre Nahrung suchen die Tiere in der offenen Landschaft, während sie ihre Horste in Wäldern bauen. In der Kölner Innenstadt leben z.B. am Herkulesberg und im Blücherpark Brutpaare.

Botanisch zwar unspektakulär, bietet es einer Vielzahl von Tierarten einen sicheren und geschützten Ort, um im Großstadttrubel zu überleben.

Nach feuchten Nächten wabert in den frühen Morgenstunden eine dünne Nebeldecke über den offenen Flächen, die durch die Lichtkegel vorbeieilender Autos zerteilt wird. Zu dieser Zeit gehört einem der Grüngürtel fast ganz alleine – und natürlich den nachtaktiven Tieren wie Füchsen und Mardern. Sie drehen ihre letzte Runde, bevor es zurück in den Bau oder zum Ruheplatz geht. Das Gezwitscher der Singvögel kündigt den Sonnenaufgang an, und wenn man die Augen schließt, den Duft der Natur in der Nase, vergisst man schnell das Rauschen der Ringstraßen, das auch um fünf Uhr morgens nicht verstummen will.

HERKULESBERG

Ziemlich wild geht es am Herkulesberg zu. Seit Jahren haben Mäusebussarde diesen menschengemachten Hügel für sich entdeckt und in den Baumkronen imposante Horste gebaut. Unter der Oberfläche ruht ein Großteil der innerstädtischen Trümmer aus Kriegsjahren – und mit ihnen, zumindest zeitweise, Kaninchen und Füchse, die ihre Baue an den steilen Hängen ins Erdreich gegraben haben. An trockenen Morgen besteht hier die realistische Chance, Füchse bei ihrer Patrouille zu den städtischen Mülleimern zu beobachten. Eine hektische Bewegung oder ein leises Räuspern reichen meist jedoch aus, um die scharfen Sinne der Tiere anzusprechen und sie schnurstracks wieder im dichten Gebüsch verschwinden zu lassen.

Weit gelassener sind da die Kaninchen. Während die Menschen im Kölner Umland den stetigen Rückgang der Tiere beklagen, sieht man sie mittlerweile zu Tausenden auf allen Grünflächen im Stadtgebiet.

ROTFUCHS

....

Wissenschaftliche Bezeichnung:
Vulpes vulpes

Erscheinung: rotbraunes Fell, Brust hell bis weißlich. Der Schwanz (Lunte) ist buschig mit weißer Spitze. Der Rüde wird bis 70 cm groß, die Fähe (weibliches Tier) bis 60 cm, die Lunte ist nochmals 50 cm lang.

Nahrung: überwiegend Mäuse, seltener Kaninchen und Vögel; im Stadtgebiet v.a. weggeworfene Lebensmittel

Wissenswertes: Die Paarung (Ranzzeit) findet im Januar und Februar statt, nach ca. 53 Tagen kommen vier bis sechs Welpen zur Welt, die acht Wochen gesäugt werden. Schon ab der dritten Lebenswoche füttern die Alttiere ihren Jungen Beute zu.

Lebensraum: Der Fuchs kommt sowohl in größeren innerstädtischen Grünanlagen wie dem Grüngürtel und auf dem Melatenfriedhof (Stadtbezirk Lindenthal), aber auch in nahezu allen Naturschutzgebieten und Wäldern des Stadtgebiets vor.

STADTFÜCHSE – HEIMLICHES LEBEN UNTER MENSCHEN

Sie sind nahezu unsichtbar und schleichen doch so zahlreich durchs Stadtgebiet: Zwischen 500 bis 1000 Füchse leben laut Schätzungen auf Kölner Grund. Sie bevölkern die Ufer des Rheins, leben am Gleisbett der Straßenbahnen und haben es sich in sämtlichen Kölner Parks bequem gemacht.

Ausgestattet mit scharfen Sinnen wittert der Fuchs den Menschen schon auf viele Meter Entfernung. Er riecht seine Anwesenheit und sieht jede Veränderung in der Umgebung. So ist es nicht weiter verwunderlich, dass man die Stadtfüchse so selten zu Gesicht bekommt. Biegen wir um die Ecke, haben sie sich längst aus dem Staub gemacht. Kommt es doch früh am Morgen oder spätabends zu einer der seltenen Begegnungen mit uns Menschen, bleibt oft nur ein Augenblick, um sich zu wundern und zu staunen, dass dieses Wald- und Wildtier in der Stadt so heimisch geworden ist.

Die Stadt ist attraktiv für die Füchse, denn sie bietet ihnen Nahrung im Überfluss: Weggeworfene Lebensmittel, Grillreste vom Aachener Weiher und übrig gebliebene Fritten der vielen Imbissbuden locken immer mehr der Tiere an. Nirgends gestaltet sich die Nahrungssuche für Meister Reineke einfacher als unter Menschen. Auf seinen nächtlichen Streifzügen inspiziert er die Mülleimer und frisst all das, was der Kölner im Laufe des Tages verschmäht und weggeworfen hat.

Der reich gedeckte Tisch inmitten der Metropole bietet dem Fuchs sogar die Möglichkeit, sich zu vermehren. Im Straßengrün, in Schrebergärten und auch auf Friedhöfen bauen sie ihre weit verzweigten Erdbaue, um ihren Nachwuchs großzuziehen, der im späten Frühjahr zur Welt kommt. Die Jungtiere

zeigen sich nach vier Wochen zum ersten Mal vor dem Bau und lassen sich in dieser Zeit beim Tollen und Spielen besonders gut beobachten. Erst nach drei bis vier Monaten sind sie selbstständig und suchen sich im Großstadtdschungel ein eigenes Revier.

Dezimiert wird die Anzahl der Füchse vor allem durch den dichten Verkehr. Die Elterntiere haben im Laufe ihres Stadtlebens gelernt, sich damit zu arrangieren, sie schauen sogar auf die Straße, bevor sie diese überqueren. Die Jungen toben in ihrem Leichtsinn nah am Straßenrand – was ihnen leider oft zum Verhängnis wird.

Um den „Stadtfuchs" zu Gesicht oder sogar vor die Linse zu bekommen, braucht es eigentlich nur eines: unendlich viel Geduld. Und das Wissen, wo sich im Frühjahr sein Bau befindet. Wer fest entschlossen ist, sich der Geduldsprobe des Fotografierens auszusetzen, dem sei geraten, sich ganz früh auf den Weg zu machen: Lange bevor der Rest der Domstadt erwacht, am frühen Morgen, noch vor dem Morgenverkehr, sind die Füchse am aktivsten. Nimmt der Fuchs die Nähe von Menschen erst einmal wahr, wird er sich kaum völlig natürlich verhalten. So heißt es abwarten, gegen den Wind heranschleichen und im „Tarnanzug" mit der Umwelt verschmelzen. Und auch wenn das widersprüchlich klingen mag: Die beste und vom Fuchs am ehesten tolerierte Tarnung ist das Auto. Daran ist der Fuchs längst gewöhnt und zeigt keine Angst, wenn irgendwo am Straßenrand ein Wagen parkt, aus dem ein Teleobjektiv herausragt.

Wenn die Jungtiere der elterlichen Sorge den Rücken kehren und alleine in die Großstadt hinausziehen, sind auch die Alttiere nicht mehr an den Bau gebunden und stromern Nacht für Nacht viele Kilometer durch die Stadt. Dann kommt es wieder nur zu kurzen, zufälligen und flüchtigen Begegnungen.

MEDIAPARK

Eingepfercht in Stein und Beton liegt der östliche Teil des Mediapark-Weihers im Schatten der Medienhochhäuser und des riesigen Multiplexkinos. Der westliche Teil Richtung Esso-Tankstelle an der Erftstraße gibt mit seinen naturbelassenen Ufern den weitaus schöneren Anblick ab. Inmitten von Häuserschluchten und Glasfassaden ist er Ruhe- und Brutstätte für heimische Wasservögel. Kein Wunder, dass die Tiere des Sees vor allem hier zu finden sind. Sogar eines Wasserfalls kann er sich rühmen. Um diesen jedoch naturnah zu erleben, bedarf es einiger Kreativität, stören doch bei seinem Anblick die mickrigen 15 Zentimeter freien Falls und die modernen Häuserkomplexe im Hintergrund.

Früh am Tag trifft man auf Fischreiher, die das Wasser observieren, ob nicht irgendwo ein unachtsamer Fisch vorbeizieht. Blitzschnell tauchen sie mit Kopf und Hals tief ein, wenn sich ein Beutetier zu nah herangewagt hat. Kanadagänse sind hier genauso heimisch wie Stockenten und Schwäne, die sich

HÖCKERSCHWAN

Wissenschaftliche Bezeichnung:
Cygnus olor

Erscheinung: Der 150 cm große weiße Wasservogel hat einen orangen Schnabel mit dem namengebenden schwarzen Höcker. Seine Flügel erreichen bis zu 230 cm Spannweite, dabei wird das Tier ca. 14 kg schwer. Damit gehört der Schwan zu den größten Vögeln Europas.

Nahrung: Wasserpflanzen und Kleinstlebewesen, an Land auch Gras

Wissenswertes: Schwäne bleiben oft ein Leben lang zusammen. Sie brüten zwischen April und September einmal im Jahr fünf bis acht Eier aus. Die grauen Jungvögel bleiben noch lange Zeit (bis zum folgenden Winter) mit ihren Eltern zusammen. Durch häufige Fütterung ist der Höckerschwan an den Menschen gewöhnt, mit Jungtieren sind Schwäne eher skeptisch gegenüber sich nähernden Menschen und imponieren mit ausgebreiteten Flügeln und zischenden Lauten.

Lebensraum: Früher wurden die Tiere oft in Schlossparks angesiedelt, heute sind sie auf fast allen Wasserflächen des Stadtgebietes als Brutvogel vertreten. Sie bauen sich große Nester aus Pflanzen und Zweigen.

Wo sonst könnte man seine Kinder besser mit der Stadtnatur vertraut machen als auf einer Bötchentour im Schatten des Kölnturms. Die Kleinen freuen sich über die „Schifffahrt" zu Füßen der Betongiganten und kommen hautnah mit den tierischen Bewohnern des Sees in Berührung. So wird die Ausfahrt zur Wasserexpedition und Eltern zu Naturführern, die mit scharfen Blicken immer neue Arten entdecken. Einmal vom Beobachtungsfieber gepackt, erblicken die Pänz weit mehr Wasservögel als die großen Entdecker und werden spielend sensibel für die Natur im Stadtgebiet. Die spannendste Zeit, um Tiere zu beobachten, ist das Frühjahr. Dann sind alle Arten damit beschäftigt, ihren Nachwuchs an die Hektik und den Lärm der Metropole zu gewöhnen und mit den Gefahren vertraut zu machen, die sie in der Stadt erwarten.

SCHWANZMEISE

Wissenschaftliche Bezeichnung:
Aegithalos caudatus

Erscheinung: Die Schwanzmeise wird nur etwa 15 cm groß. Sie ist schwarz-weiß gefärbt mit bräunlichen Flecken an den Außenflanken. An ihren schwarzen, sehr langen Schwanzfedern lassen sich die Vögel einfach identifizieren. Ihre Gestalt ist gedrungen, ein Eindruck, der durch den winzigen Schnabel noch verstärkt wird.

Nahrung: Insekten, Knospen und Früchte

Wissenswertes: Die Schwanzmeise turnt bei der Nahrungssuche geschickt im Geäst. Im Winter ist sie in Trupps von bis zu 20 Tieren unterwegs. Zur Aufzucht ihrer Jungen bauen sie in den Baumkronen ein geflochtenes, eiförmiges Nest mit seitlichem Eingang.

Lebensraum: Die Schwanzmeise kommt in Parks, Gärten sowie auf Friedhöfen vor.

gemeinsam den Lagerplatz auf der kleinen Insel inmitten des Sees teilen. Mittlerweile ist der Grünstreifen rund um den See zumindest von der Straße durch eine kleine Begrenzung vor zu enthusiastischen Beobachtern gesichert, sodass die Höckerschwäne ihren Nachwuchs ungestört großziehen können.

STADTGARTEN

Das Blätterwerk der alten, knorrigen Bäume spendet Erholungsuchenden an heißen Tagen genügend Schatten, um es sich auf den Wiesen des Stadtgartens gut gehen zu lassen. Von Geradlinigkeit und Symmetrie ist hier im Gegensatz zu vielen anderen Parkanlagen nichts zu sehen. Die verstreut wachsenden Bäume verleihen ihm eine ordentliche Portion Natürlichkeit. Gut geschützt, hinter dichten Hecken, haben sich im Stadtgarten stabile Populationen verschiedenster Arten etabliert, die sich bei einem Spaziergang beobachten lassen.

Lange bevor man sie zu Gesicht bekommt, verrät das scharrende Kratzen ihrer Krallen die Eichhörnchen, die in den Baumkronen von Ast zu Ast springen. Gut lassen sie sich dabei bestaunen, wie sie sich gegenseitig, die Baumstämme hinaufschraubend, jagen. Die Elstern haben sich mittlerweile in ihren Beständen wieder so weit erholt, dass sie aus dem Stadtgeschehen nicht mehr wegzudenken sind. Hoch in den Baumwipfeln entdeckt man ihre kugelförmigen Nester. Scheu sind sie und sobald man ihnen zu nahe kommt, sind sie sofort ein Stück

FOTOTIPP

Halsbandsittiche in den Platanen

Gerade im Frühjahr, wenn die Bäume noch licht sind und nicht das satte Grün des Laubwerks tragen, kann man Halsbandsittiche gut dabei beobachten, wie sie sich eine Baumhöhle für die Brut aussuchen. Immer wieder fliegen sie verschiedene Höhlen an und mit etwas Geduld findet sich schließlich ein passendes Exemplar, das für den menschlichen Beobachter auch noch gut einsehbar ist und sich bequem von diesem mit der Kamera observieren lässt. Wenn die Brut beginnt und die Sittiche permanent zum Nest und wieder heraus fliegen, gelingt schnell der erste gute Fototreffer eines „grünen Papageien". Es ist zu empfehlen, ein Stativ mit-
zunehmen, um nicht mit müden, hängenden Armen, die Kamera im Anschlag, die Geduld zu verlieren. Mit kurzen Verschlusszeiten gibt es zur Belohnung des geduldigen Wartens gestochen scharfe Bilder der agilen Vögel.

weitergeflogen. Doch auch aus der Ferne macht es Spaß, den schwarz-weißen Krähenvögeln dabei zuzusehen, wie sie auf der Suche nach Fressbarem über die Grünflächen des Parks hüpfen.

Im Winter, wenn sorgsame Bürger neben dem gelben Backsteinhaus an der stadteinwärts gelegenen Seite Meisenkugeln am Haselnussbusch aufhängen, kann man Schwanzmeisen und Halsbandsittiche beim Fressen der beliebten Körner betrachten.

AACHENER WEIHER

Der in Beton eingefasste Aachener Weiher bringt das Blut von Naturliebhabern auf den ersten Blick nicht gerade in Wallung: Umringt von Heerscharen grillender Studenten scheinen hier Tiere und Pflanzen keine große Rolle zu spielen. Und tatsächlich hat das Grün um den See botanisch nur wenig zu bieten.

Bei einem morgendlichen Spaziergang, wenn die Studenten ihre Grills eingepackt haben, zeigt der Aachener Weiher aber auch seine tierische Seite. Die omnipräsenten Stockenten sind längst nicht mehr aus dem Tümpel wegzudenken. Kanadagänse mit

ihren schwarzen Hälsen und Köpfen sind im Frühjahr mit ihren Jungen im Schlepptau am Ufer unterwegs. Unmittelbar neben der neu angelegten Brücke am Ostasiatischen Museum brütet bis in den Sommer hinein ein Blesshuhnpaar, das sich nicht einmal von all den Spaziergängern beim Brutgeschäft stören lässt. Und in der trüben Brühe zerteilen die Rückenflossen der Karpfen die Wasseroberfläche des Aachener Weihers. Am Abend bekommt der See dann doch etwas Magisches. Die Stadtlichter spiegeln sich auf seiner Oberfläche, und lassen ihn in angenehmem Licht erstrahlen.

Erwähnenswert sind die Narzissen, die auf dem Straßengrün an der Ecke Aachener Straße und Innere Kanalstraße im Frühjahr dem gemeinen Städter verkünden,

dass der Winter in den letzten Zügen liegt. Farbenfroh ist die Verkehrsinsel an der Ampel Dürener
Straße (auf Höhe des Ostasiatischen Museums), die
die beiden Fahrstreifen der „Inneren" voneinander
trennt. Hier blühen auf dem Grünstreifen seit einigen Jahren Dutzende Zierpflanzen und behaupten
tapfer ihren Platz zwischen dem steten Verkehr. Roter und gelber Mohn, Margeriten, Kornblumen und
viele andere Blumen sind wohl von emsigen Stadt-
gärtnern gesät worden. So lässt sich auch hier ein
kleines Stück „Natürlich Köln" genießen.

PLATANENALLEE

Auch wenn die Platanenallee, die hinter dem Hiro-
shima-Nagasaki-Park am Aachener Weiher von der
Bachemer Straße zur Unimensa an der Zülpicher
Straße führt, streng genommen schon zum Stadtbezirk Lindenthal gehört, passt dieses Stück wunderbar
zu einem Spaziergang durch den Grüngürtel. Die Allee
bietet Kölns bekanntestem „Immi", dem Halsbandsittich, ideale Brutvoraussetzungen. Eine kurze Rast auf
einer der Bänke unter den alten Bäumen reicht meist
aus, um die Exoten bewundern zu können, bis sie
früher oder später hoch über den Köpfen in einer der
zahlreichen Baumhöhlen verschwinden. Halsbandsittiche lieben Platanen, vernimmt man also in der
Nähe dieser von einem weiß-grünen Mosaik gepräg-
ten Baumstämme die typischen Rufe des Sittichs,
sollte man die Augen nach den „grünen Papageien"
offen halten.

In ihr leuchtend grünes Federkleid gehüllt erfreuen
sie die Kölner schon seit den 1960er-Jahren, als sie
wohl aus einer beschädigten Voliere eines privaten
Züchters ausgebrochen sind. Einem farbigen Band
um den Hals verdankt der Vogel seinen Namen und
grenzt sich damit zum viel seltener vorkommenden

HALSBANDSITTICH

Wissenschaftliche Bezeichnung:
Psittacula krameri

Erscheinung: Die Schwanzfedern des 35
bis 40 cm großen Vogels sind etwa genauso lang wie sein Körper. Die Männchen
schmückt ein rosafarbenes Nackenband
(Name). Der starke Papageienschnabel ist
auf der Oberseite rot.

Nahrung: Knospen, Blätter, Früchte, Samen, Blüten

Wissenswertes: Der Halsbandsittich sucht
sich Bruthöhlen in altem Baumbestand
(v. a. in Platanen). Zum Schlafen ziehen nahezu alle Kölner Tiere in Richtung Norden in
eine einzige Baumgruppe und verbringen
so im Schutze der Gemeinschaft die Nacht.
Wenn jedes Brutpaar nur zwei Jungtiere
pro Jahr durchbringt, ist das Überleben der
Art gesichert.

Lebensraum: Ursprüngliche Heimat sind das
mittlere Afrika und Asien. In Deutschland
kommt er entlang des Rheins zwischen
Düsseldorf und Wiesbaden vor. Er ist innenstadtnah in allen Parks, Grünanlagen
und auf Friedhöfen zu finden. Am Stadtrand hält er sich seltener auf.

Alexandersittich (Population in Köln circa 30 bis 40 Tiere) ab. Rund 1500 Halsbandsittiche leben in der Domstadt. Faszinierend ist es, ihnen dabei zuzusehen, wie sie gekonnt die Samen von Hainbuche, Zitterpappel und anderen Baumarten picken. An die unzähligen Jogger, Hundebesitzer und den Verkehr haben sich die Tiere längst gewöhnt und lassen sich davon nicht aus der Ruhe bringen.

VOLKSGARTEN

Ein echtes Juwel unter den innerstädtischen Parks ist der Volksgarten. Von 1887 bis 1889 wurde er im Rahmen der Neustadtbebauung angelegt. Egal, ob man das weitläufige Areal von Eifel-, Vorgebirgs- oder Volksgartenstraße betritt, ein erster

Blick reicht aus, um sich in den Volksgarten zu verlieben. Ordentlich gepflegt fügt er sich als grünes Herz in die einladende Südstadt ein. Bäume und dichtes Buschwerk lassen Hektik und Lärm der Metropole verschwinden. Auf den Grünflächen stehen unzählige alte Baumriesen und inmitten des Parks liegt der naturbelassene Kahnweiher. Daher ist es auch nicht verwunderlich, dass der Volksgarten an sonnigen Tagen so gut besucht ist. Ob zum Grillen, für Freizeitaktivitäten oder einfach nur zum Sonnenbaden, Platz bietet der Volksgarten für alle, die auf der Suche nach Entspannung sind.

FAMILIENTIPP

Einen Tag mit den Pänz im Volksgarten verbringen: Wer ohne Sichtung von Schildkröten, Wasser- und Singvögeln nach einem Nachmittag am Kahnweiher nach Hause kommt, der hat irgendetwas falsch gemacht. Hier lassen sich prima Wetten zwischen Eltern und Kindern abschließen: Wer sieht mehr Wasservögel, wer mehr Elstern, Krähen, Spechte oder Rotkehlchen (s. Foto oben)? Und wer erkennt mehr Vögel am Gesang? Dem Gewinner winkt am Ende einer abwechslungsreichen Safari ein Eis auf der schönen Terrasse des Biergartens.

BUNTSPECHT

....

Wissenschaftliche Bezeichnung:
Dendrocopos major

Erscheinung: Den ca. 25 cm großen Vogel schmückt ein schwarz-weiß-rotes Federkleid. Seine Schultern sind hell, die Backen schwarz und der Unterschwanz ist rot. Die Männchen tragen ein rotes Häubchen.

Nahrung: Im Sommer frisst der Specht v.a. Insekten. Im Winter ernährt er sich von Nadelbaumsamen. Er frisst auch Eier und Jungtiere von kleinen Singvögeln.

Wissenswertes: Der Buntspecht hämmert Höhlen in alte Bäume. Jedes Jahr baut er eine neue, die alten Höhlen werden von anderen Vögeln bezogen. Gut erkennbar bzw. hörbar ist er durch seinen Trommelwirbel, den er u.a. einsetzt, um Weibchen zu beeindrucken. Zwischen April und Juli erbrütet der Specht in nur zehn bis 14 Tagen vier bis sieben Jungtiere, die etwa einen Monat im Nest verbleiben, bevor sie ausfliegen.

Lebensraum: Der Buntspecht ist die häufigste Spechtart im Stadtgebiet und lebt innenstadtnah in allen Parks, Gärten und Grünanlagen sowie auf Friedhöfen und in allen Wäldern.

Ganz besonders lohnt es, sich Zeit zu nehmen, um die Fauna zu erkunden und zu beobachten. Aus den Gipfeln der Platanen vernimmt man die Schreie der Halsbandsittiche. Vor allem am frühen Morgen und späten Abend kann man am Himmel beobachten, wie sie in Gruppen von 20 oder mehr Tieren den Park erobern oder verlassen. An den Stämmen der einzelnen Baumriesen entdeckt man mit gutem Auge die braun-grauen Baumläufer, sehr kleine Vögel mit weißlicher Brust, die leicht mit dem Mosaik der Platanenborke verschmelzen. Am Boden jagen Amsel, Drossel, Fink und Star nach Würmern und Insekten. Krähenvögel wie die Elster oder die schlichte schwarze Rabenkrähe lassen sich die Picknickreste des letzten Tages schmecken.

Unter der Vielzahl von Vögeln kann man im Volksgarten auch den farbenfrohen Buntspecht entdecken. Durch sein Federkleid und seine Größe hebt er sich deutlich von anderen Vögeln ab. Unverwechselbar macht die Spechte letztlich ihr Trommelwirbel, der hoch aus den Baumkronen ertönt und ihre Anwesenheit verrät. Im dichten Laubwerk der Bäume findet der Specht ausreichend Nistmöglichkeiten und kümmert sich unbehelligt vom Publikumsverkehr um seinen Nachwuchs. Und so fliegt im späten Frühjahr eine neue Generation von Buntspechten durch den Volksgarten und macht sich mit ihrem Trommeln an die Baumstämme akustisch bemerkbar.

Um die Vögel in den Baumwipfeln zu erspähen, muss man aber ein scharfes Auge haben. Man braucht ein wenig Übung, ein gutes Gehör und Geduld, bevor man den bunt gefiederten Singvogel zu Gesicht bekommt. Um einen Buntspecht ganz in Ruhe und aus der Nähe zu beobachten, empfiehlt es sich, die Baumstämme nach großen, kreisrunden Löchern abzusuchen, in denen die Spechte im Frühjahr brüten. Während der Fütterung der Jungtiere kommen die Specht-Eltern im 10-Minuten-Rhythmus ans Nest geflogen, um sie mit Futter zu versorgen.

Am zentral gelegenen Kahnweiher haben sich Stockenten, Gänse, Schwäne, Blesshühner und Fischreiher niedergelassen. Selbst Schildkröten recken ihre Köpfe an freundlichen Tagen gen Sonne, während unter der Wasseroberfläche Karpfen gemächliche Runden ziehen. Im Volksgarten ist es ohne Weiteres möglich, auf einem Spaziergang über die gut angelegten Wege 20 verschiedene Wasser- und Singvögel zu beobachten. Da lohnt es sich, das Vogelbestimmungsbuch vom Opa aus dem

FAMILIENTIPP

Mit Kindern ab etwa acht Jahren ist man auf dem Bauspielplatz (Baui) zwischen Römer- und Friedenspark bestens aufgehoben. Hier, am ehemaligen Fort I, können die Pänz mit natürlichen Baumaterialien Buden errichten und kommen auf spielerische Weise mit der Kölner Natur in Kontakt. Quasi nebenbei entdecken sie die heimischen Vogelarten, die aus den Bäumen rufen. Mama und Papa können zwischendurch noch schnell erwähnen, dass der Baum, an dessen Stamm der Spross die Hütte gebaut hat, eine Eiche, Buche oder Linde ist, und auf die stimmgewaltigen Singvögel hinweisen.

SINGDROSSEL

Wissenschaftliche Bezeichnung:
Turdus philomelos

Erscheinung: Die unauffällig gefärbte Singdrossel ist etwa so groß wie eine Amsel und wird häufig mit dessen Weibchen verwechselt. Ihre Oberseite ist schlicht braun, die Unterseite weiß mit schwarzen Flecken. Ihre Flügelunterseiten sind orange-braun.

Nahrung: Schnecken, Kleintiere, Beeren

Wissenswertes: Die Singdrossel hat eine außergewöhnliche Methode, um an ihre Nahrung zu gelangen. Sie zerschlägt die Häuser von Schnecken auf hartem Untergrund und pickt das Innere heraus. Die Anhäufung zerschlagener Schneckenhäuschen nennt man Schneckenschmieden. Im Frühjahr und Sommer erbrütet die Singdrossel vier bis sechs Jungvögel.

Lebensraum: überall im Stadtgebiet zu finden, in allen Parks und Gärten

Regal zu holen, die Staubschicht abzuwischen und es endlich einmal selbst in Gebrauch zu nehmen. Erfolg bei der Bestimmung der verschiedenen Arten kann man so schon bald verzeichnen. Einmal vom „Vogelfieber" infiziert, wächst das Wissen um die Tiere, und wer neben einem guten Blick über einen feinen Hörsinn verfügt, der verbindet den Gesang der einzelnen Arten mit deren Erscheinungsbild. Schnell unterscheidet man das Pfeifen des Rotkehlchens von dem der Amsel und kann unwissende Freunde mit naturkundlichen Informationen beeindrucken.

FRIEDENSPARK

Im äußersten Süden des Bezirks schmiegt sich der Friedenspark an die mittelalterlichen Überreste des Fort I in direkter Nähe zum Rhein. Efeubewachsen ragen die alten Gemäuer gen Himmel. Zwischen den engen Buchenhecken dringt kaum städtischer Lärm ans Ohr, wohl aber „Seeluft" vom nahen Agrippinaufer in die Nase.

Dank seiner wenig zentralen Lage ist der Friedenspark nur mäßig besucht und bietet ausreichend Platz, um sich in Ruhe der Natur und ihren Bewohnern zu widmen. Ausnahmen sind da lediglich das Edelweißpiraten- und Gauklerfestival, zu denen mittlerweile Tausende in den Park strömen. Wo damals Soldaten die Stadt verteidigten, flötet heute das Rotkehlchen mit seiner markanten orangen Brust seine wunderschöne Melodie. Zwischen den Ranken lugen Drosseln, Spatzen und Meisen hervor, die ihre Nester an den alten Mauern versteckt haben.

Natur erleben

Wen es zum Wandern ins innerstädtische Grün zieht, um Strecke zu machen und um die Natur zu erleben, dem seien 11,5 Kilometer Grüngürtel ans Herz gelegt. Einen ganzen Morgen nimmt solch ein Spaziergang in Anspruch und bietet dabei viele schöne Anblicke. Vom nördlichen zum südlichen Rheinufer lustwandelt man die meiste Zeit zwischen Bäumen und Grünflächen über den stets eben verlaufenden Weg, der im weiten Bogen um die Innenstadt führt und nur hin und wieder von Straßen oder Bebauung unterbrochen wird. Immer wieder öffnen Parks ihre Pforten, die man zwar mit einer Menge Freizeitsuchender teilen muss, die aber dadurch nichts an ihrer natürlichen Schönheit einbüßen. Wer Eifel-Feeling bekommen möchte, der nimmt am besten gleich mehrmals den Herkulesberg mit in seine Wanderung auf, von dessen „Gipfel" man einen großartigen Blick über Köln genießt.

Auf dem ehemaligen Grund der Befestigungsanlage lässt es sich problemlos vorankommen. Man sollte den Weg dennoch nicht unterschätzen und gut vier Stunden einplanen, um hier und da der innerstädtischen Tierwelt einen Blick zu schenken und zu staunen. Zur Belohnung des langen Weges gibt es am Ende der Tour die Möglichkeit der Einkehr in Cafés und Bars der Südstadt oder ein luxuriöses Bier im neuen In-Veedel, dem Rheinauhafen.

HONIGBIENE

∙∙∙

Wissenschaftliche Bezeichnung:
Apis mellifera

Erscheinung: Bis zu 2 cm wird die Honigbiene groß. Ihr Körper ist bräunlich, am Hinterleib trägt sie hellere gelbliche Querbinden. Der Körper der Biene ist an den meisten Stellen stark behaart. Die durchsichtigen Flügel sind ebenfalls braun.

Nahrung: Honigbeinen besuchen zahllose verschiedene Blütenpflanzen.

Wissenswertes: Die Honigbiene ist als Bestäuber von unzähligen Blumen eine immens wichtige Insektenart. Sie lebt in Staaten von bis zu 60 000 Tieren zusammen. An den hinteren Beinen tragen die unfruchtbaren Arbeiterinnen einen „Sammelapparat", an dem sie die Pollen transportieren. Eier legen kann nur die Königin.

Lebensraum: Sowohl in größeren innerstädtischen Grünanlagen wie dem Grüngürtel und auf dem Melatenfriedhof (Stadtbezirk Lindenthal), aber auch in nahezu allen Naturschutzgebieten und Wäldern des Stadtgebiets kommt die Biene vor.

STADTIMKEREI – ZU GAST BEI DER KÖLNER BIENENKÖNIGIN

Wer in der innerstädtischen Natur unterwegs ist, trifft unter Garantie irgendwann auf einen klassischen Vertreter des Tierreichs: Wie selbstverständlich nehmen wir die Honigbienen wahr, dabei ist ihr Bestand mittlerweile drastisch gefährdet. Schön, dass sich immer mehr Menschen mit der Imkerei beschäftigen, so wie Susanne (Sue) Matschullies. Inmitten von Deutz beheimatet sie mehrere Bienenvölker, die von März bis August besten Kölner Stadthonig produzieren. Und nebenbei natürlich unzählige Blüten bestäuben.

Zwischen 50 000 und 70 000 einzelne Individuen zählen in der Hochsaison Mai und Juni zu einem Volk. Im Winter sinkt ihre Zahl drastisch und von den ursprünglichen Bienen bleiben zum Teil nur zehn Prozent übrig. Diese verbringen den Winter dicht zusammengedrängt als Traube im Stock. Mit ihrer Flügelmuskulatur erzeugen sie Energie und heizen die Wintertraube und die Umgebungsluft auf eine Minimaltemperatur von 10 Grad Celsius auf. Für die Bruttätigkeit bedarf es sogar 36 Grad Celsius.

Honigbienen sind Sonnenwesen. Im Frühling erwachen sie ab 14 Grad Celius Außentemperatur zum Leben. Dann fliegen Tausende von Bienen viele Kilometer, um Nektar und Pollen zu sammeln. Bis zu fünf Kilometer können die Sammelquellen entfernt liegen, für Pollen geht es sogar sieben Kilometer weit auf Reise. Dabei orientieren sie sich am Stand der Sonne und kommunizieren besonders ertragreiche Nahrungsquellen über den sogenannten Schwänzeltanz.

Am Flugloch des Bienenstocks werden die Sammlerinnen von Wächterinnen und anderen Arbeiterinnen empfangen, die ihnen den mühsam gesammelten Nektar abnehmen, ihn mit körpereigenen Enzymen versetzen, in die Waben eintragen und weiterverarbeiten. Als fertigen Honig, wie wir ihn kennen, bekommt er einen konservierenden Wachsdeckel. Der gesammelte Blütenstaub, auch Pollen genannt, ist die wesentliche Futterquelle für die Bienenbrut. Sie wird an den Hinterbeinen in Form von festgeklopften und eingespeichelten „Höschen" transportiert.

Um am Ende überhaupt Honig ernten zu können, bedarf es Achtsamkeit, Geduld und Leidenschaft. Mit größter Sorgfalt kümmert sich Sue um „ihre Ladys", wie sie ihre Bienen nennt. Sie kontrolliert ihre Völker, achtet darauf, dass alle Stöcke mit Königinnen ausgestattet sind, dass genug Platz im Bienenstock ist und dass die Bienen nicht als Schwarm Reißaus nehmen. Außerdem muss sie aufpassen, dass sich keine Krankheiten einschleichen, die eine ganze Population vernichten können.

Wenn die Bienen es am Ende der beiden großen Trachtzeiten (Frühlings- und Sommerblüte) gemeinsam geschafft haben, Honig im Überfluss zu produzieren, der die Bienen in den kalten Wintermonaten mit Energie versorgt, dann kann auch Sue ihren Anteil am flüssigen Gold ernten. Mittlerweile gewinnt sie so jedes Jahr pro Volk etwa 60 Kilogramm feinsten Köln-Deutzer Stadthonig und verkauft ihn unter dem Namen: „Tante Susi's Bester Ihr's" in diversen Geschäften Kölns.

DER RHEIN

DER RHEIN –
LEBENSADER SEIT URZEITEN

„Am Rhein, da fühle ich mich zu Hause." Das sagen nicht nur die Kölner, sondern auch die Düsseldorfer, die Neusser und wohl alle anderen Anrainer des großen Flusses. Schon seit Jahrtausenden ist der Rhein Lebensgrundlage für die Bewohner der Kölner Bucht. Einst diente er als Transportweg, um zum Beispiel die Steine des Doms aus den umliegenden Gebirgen hierher zu befördern. Ebenso war er Nahrungsquelle, Wasserreservoir und Erholungsgebiet. Davon ist auch heute entlang des Flusses noch viel zu spüren. Wenn der Rhein im Kölner Süden die Stadtgrenze überquert, hat er schon fast 700 Kilometer hinter sich. Er bleibt uns Kölnern dann für fast 30 Kilometer erhalten, bevor er das Stadtgebiet im Norden wieder verlässt. Nun trennen ihn noch 500 Kilometer bis zu seinem Ende in der Nordsee.

In Köln liegen unzählige grüne Areale am Fluss. Teils eingepfercht in Häusergürtel, teils frei von allem städtischen Einfluss. Im Norden und Süden gibt es ausgedehnte Flächen, die zu Naturschutzgebieten erklärt wurden und vielen Tieren und Pflanzen einen geschützten Lebensraum bieten. Auenlandschaften sind rar geworden im Kölner Raum. Dabei sind sie nicht nur aufgrund ihrer Artenvielfalt von unschätzbarem Wert, sie dienen vor allem als Hochwasserschutz. Hier findet

das Wasser noch Platz, um sich auszudehnen, ohne den Kölnern gleich im Keller zu stehen. Die hier lebenden Tiere und Pflanzen haben sich an den wechselnden Wasserstand angepasst und profitieren eher davon, als dass er ihnen schadet. Mitten auf Kölner Stadtgebiet kann man in den Auen einsame Spaziergänge in der Natur genießen, und auch im innerstädtischen Bereich hat der Rhein einiges zu bieten: zum Beispiel Meer-Feeling zu Füßen der Zoobrücke und natürlich jede Menge Naherholung.

DIE NATURSCHUTZGEBIETE RHEINAUE LANGEL-MERKENICH UND RHEINAUE WORRINGEN-LANGEL (STADTBEZIRK CHORWEILER)

Vor Rheinkassel und Langel breitet sich das Naturschutzgebiet Rheinaue Langel-Merkenich aus. Vom Ölhafen Niehl erstreckt sich bis zur Langeler Fähre hin eine intakte, von Wald- und Landwirtschaft geprägte Auenlandschaft. Gleich dahinter beginnt schon das nächste Naturschutzgebiet: die Rheinaue Worringen-Langel mit ebenfalls altem Naturbestand. Unbegradigte Ufer säumen den Rhein, der hier vorbei an Sand und Steinen, Weiden und Schwarzpappeln noch wie vor Hunderten Jahren fließt. Stellenweise verhindert ein dichter Gürtel aus Röhricht, Springkraut und Brombeeren die Sicht auf den Fluss, doch überall führen kleine Pfade an versteckte Buchten. Dann wieder ist die Landschaft offen und lässt den Blick weit über den Rhein und Leverkusen schweifen. Die Buchten hat man meist ganz für sich alleine, viel los ist nicht in den Naturschutzgebieten. Unter der Woche trifft man auf vereinzelte Hundebesitzer, hier und da sitzen kleine Grüppchen an den Strandabschnitten. Kein Vergleich zu den wesentlich stärker frequentierten Stränden in Rodenkirchen oder Niehl.

Die Tierwelt in den Rheinauen hält sich eher versteckt. Am Ölhafen in Niehl sieht man Kaninchen in den Büschen verschwinden, Greifvögel wie die Rohrweihe und Bussarde kreisen am Himmel und lassen ihre typischen Rufe erklingen. Am Ufer tummeln sich viele Wasservögel. Das Besondere an den Auen ist die Anwesenheit von Lerchen und Kiebitzen, die sonst in Köln kaum noch einen Lebensraum finden.

Wer Säugetiere beobachten möchte, kommt in den Rheinauen weniger auf seine Kosten. Hier kann man vor allem in die Kleintierwelt eintauchen. Unzählige Insekten umschwirren zahllose Blumen: Hahnenfuß, besser bekannt als Butterblume, Zaunwinden,

Vogelwicken und viele weitere Blüten locken Dutzende Arten von Käfern, Schmetterlingen und Grashüpfern an. Der Gemeine Grashüpfer ist leicht zu übersehen, nur die zitternden Grashalme verraten seine Bewegungen. Schmetterlinge sind auf den Wiesen der Auen ständige Wegbegleiter. War es eben noch der Kohlweißling (s. Foto links), der um die Füße des Besuchers schwirrte, sind es kurze Zeit später das Große Ochsenauge, der Admiral oder der C-Falter. Überall auf den Wiesen und an den Wegrändern sind die emsigen Insekten auf Nahrungssuche. Kaum ein Quadratmeter, auf dem nicht Wildnis in Form von Flora oder Fauna zu finden wäre. Und das, obwohl keine 200 Meter entfernt die bebauten Bereiche der Veedel beginnen. Überall in den Auen finden sich zudem kleine Flächen, die als Streuobstwiese genutzt werden und so noch mehr Arten anziehen. Gerade einmal 15 Kilometer trennen die Auenlandschaft von der rasanten Innenstadt, aber wenn man hier unterwegs ist, vor einem die offene Landschaft, der Rhein und die kleinen Kirchtürme der Veedel, dann scheint die pulsierende Stadt meilenweit entfernt. Zehn Kilometer lang kann man ohne viel Trubel am Rhein entlangwandern und die Einzigartigkeit und Schönheit der Natur erleben.

KIEBITZ

Wissenschaftliche Bezeichnung: Vanellus vanellus

Erscheinung: Unverkennbar machen den Kiebitz die verlängerten schwarzen Federn, die ihm vom Hinterkopf abstehen. Brust, vordere Gesichtspartie und die Flügel des bis zu 30 cm großen Vogels sind schwarz, Teile des Kopfes und der hintere Halsbereich weiß, der Rücken schimmert grünlich. Die Schwanzfedern, der sogenannte Stoß, sind weiß mit schwarzen Enden. Seine Beine leuchten rot.

Nahrung: Würmer, Schnecken und Insekten

Wissenswertes: Der Kiebitz benötigt offene, feuchte Wiesen, in denen er auf Nahrungssuche gehen und sein Nest auf dem Boden bauen kann (Bodenbrüter). Als Teilzieher überwintert er im südlichen Europa. Zwischen März und Juli erbrütet der Vogel einmal jährlich vier Junge.

Lebensraum: Der Kiebitz ist im Ballungsraum Köln rar geworden. Nur noch selten kann man ihn in den nördlichen Auenlandschaften antreffen.

FLITTARDER RHEINAUE (STADTBEZIRK MÜLHEIM)

Unmittelbar hinter dem Deich bei Flittard liegt ein traumhaftes Naturschutzgebiet. Über vier Kilometer ziehen sich die Auenlandschaften am rechten Flussufer hin. Weitläufige Wiesen, auf denen die unterschiedlichsten Baumarten gedeihen, reichen bis ans Ufer. Nur hier und da versperren schmale Baumgürtel den Blick auf den Rhein. Das stete Rauschen der Pappelblätter im Hintergrund und den glucksenden Fluss zu Füßen, da sollte es eigentlich leichtfallen, die Natur zu genießen. Leider liegt die Flittarder Rheinaue eingepfercht zwischen Chemie- und Klärwerk, und wer am anderen Ufer den Blick höher schweifen lässt, den grüßen auch noch die Ford-Werke. Trotz all der Industrie kann man hier auf 180 Hektar Fläche wunderbar in schöner Natur entspannen.

Mitten im Naturschutzgebiet liegt ein Altrheinarm, der schon lange nicht mehr mit dem Strom verbunden ist. Durch einen dichten Schilfgürtel ist das Gewässer gut geschützt und bietet heimischen Wasservögeln einen natürlichen Lebensraum. Hier nisten Kormorane, Fischreiher und Höckerschwäne, auch Stockenten und Blesshühner fühlen sich wohl sowie Bachstelzen, die an ihren auffällig langen Schwanzfedern gut zu erkennen sind.

BACHSTELZE

∙∙

Wissenschaftliche Bezeichnung:
Motacilla alba

Erscheinung: Die Bachstelze ist in etwa so
groß wie eine Meise und lässt sich durch ihr
schwarz-weiß-graues Gefieder leicht bestimmen. Der Kopf ist schwarz-weiß, Augen
und Beine sind schwarz. Charakteristisch ist
der lange schwarze Schwanz.

Nahrung: Insekten

Wissenswertes: Kennzeichnend für die
Bachstelze ist der wellenförmige Flug. Bei
der Nahrungssuche auf dem Boden trippelt
sie mit kleinen Schritten und verharrt alle
paar Meter. Sie baut Nester in Halbhöhlen
oder in Spalten von Scheunen, Giebeln, etc.
Zwischen April und Juli zieht die Bachstelze
fünf bis sechs Jungvögel groß.

Lebensraum: Die Vögel sind in halb offener und offener Landschaft anzutreffen,
sehr häufig in Gewässernähe. In Köln sind
sie z.B. in der Flittarder Aue, entlang der
offenen Wiesen am Rhein, in der Wahner
Heide und an der Baadenberger Senke
(Stadtbezirk Chorweiler) zu finden.

Wer sich ruhig ans Ufer setzt, wird schnell mit schönen Naturbeobachtungen belohnt. Nach einiger Zeit
haben sich die Tiere an ihre Besucher gewöhnt und
verfallen in ihr natürliches Verhalten. Aus sicherer
Entfernung oder gut versteckt aus dem Dickicht des
Schilfes lässt sich die Jagd der Kormorane und Fischreiher nach Fisch besonders gut verfolgen.

An den Feldrändern wachsen Brombeeren und Disteln, die mit ihrem süßen Duft allerlei Kleintiere an-
locken: Zitronenfalter, Kohlweißling, Tagpfauenauge,
Kaisermantel, Kleines Ochsenauge, Kleiner Fuchs und
Waldbrettspiel kommen zur Stippvisite an die Blüten.
Neben den Schmetterlingen kann man Dutzende
Käferarten wie den Roten Weichkäfer (s. Foto unten)
beobachten. Aber auch für Vogelfans gibt es hier, wie
auch in den linksrheinischen Auenlandschaften, eini-
ges zu entdecken. Auffällig sind vor allem die großen
Greifvögel wie Wanderfalken, Mäusebussarde und
Turmfalken, die hier häufig auf Beutesuche sind.

WALDBRETTSPIEL
. . . .

Wissenschaftliche Bezeichnung:
Pararge aegeria

Erscheinung: Der Schmetterling wird bis zu 4,5 cm groß. Die Flügel des Tagfalters sind dunkelbraun, hellgelbe Flecken zieren die äußeren Bereiche. Sowohl an den Vorder- als auch an den Hinterflügeln hat er dunkle Augenflecken mit weißen Punkten. Die Flügelsäume sind wellig und hell abgesetzt.

Nahrung: Sie besuchen verschiedenste Blüten, z.B. Kreuzkraut und Hahnenfuß.

Wissenswertes: Pro Jahr fliegt das Waldbrettspiel zwischen März und September in zwei Generationen. Der Falter sonnt sich gern auf Waldwegen, er fliegt eher langsam. Wie alle Schmetterlinge verwandelt er sich vom Ei zur Raupe, die sich am Ende ihres Wachstumsstadiums verpuppt. Aus der Puppe schlüpft ein voll entwickelter Schmetterling. Die Eier werden an Grashalmen abgelegt.

Lebensraum: Das Waldbrettspiel kommt in Wäldern vor, in Köln z.B. in der Flittarder Aue und der Wahner Heide, auch im Königsforst und im Chorbusch.

HALBINSEL AM MOLENKOPF (STADTBEZIRK NIPPES)

Auf dieser linksrheinischen Halbinsel erwarten die Besucher lang gestreckte Wiesenabschnitte, die ein Lindengürtel vom Niehler Hafen trennt. Im Süden, stadteinwärts gelegen, schließt sich das Landschaftsschutzgebiet Cranachwäldchen an die offenen Flächen an und verdeckt den Blick Richtung Dom und Stadt. Zwischen den steinernen Kribben liegen zahlreiche Sandstrände, die mittlerweile als Ausflugsziel entdeckt worden sind.

Vor allem an warmen Tagen zieht es so einige mit Liegestuhl, Grill, Kind und Kegel ans hiesige seichte Rheinufer, das sich auch bestens für die Pänz eignet. Als unschöne Nebenwirkung dessen sind viele Strandabschnitte nicht so sauber, wie man es sich wünscht. Scherben, Zigarettenkippen und Müll sind leider keine Seltenheit.

Besonders attraktiv ist das Gebiet am frühen Morgen, wenn noch keine Ausflügler die Strände für sich in Anspruch genommen haben. Dann kann man den Möwen beim Fischen und der Sonne beim Aufgehen zusehen. Die Halsbandsittiche schwärmen in kleinen Trupps über den einsamen Betrachter hinweg in Richtung Süden ins Stadtgebiet aus, und die Wellen der Rheinschiffe schwappen ans Ufer, das von Tausenden Körbchenmuscheln gespickt ist. Hier lässt es sich sommers wie winters gut herumstromern oder zwischen den Steinen nach Kleinigkeiten suchen, die das Wasser ans Ufer gespült hat.

Selbst der Niehler Hafen mit seinen großen Hafenbecken bietet einigen Stadttieren beste Voraussetzungen: Auf den hohen eisernen Warten am Ufer ruhen die Kormorane und trocknen mit ausgebreiteten Flügeln ihr Gefieder. In solchen Momenten kann man die großen schwarzen Vögel in Ruhe beobachten.

KORMORAN

Wissenschaftliche Bezeichnung:
Phalacrocorax carbo

Erscheinung: Mit seinen 150 cm Spannweite bietet der metallisch schimmernde, schwarze Wasservogel v. a. einen imposanten Anblick, wenn er mit weit ausgestellten Schwingen seine Federn trocknet. Hinter dem kräftigen Hackenschnabel hat er einen weißen Gesichtsfleck.

Nahrung: überwiegend Fisch

Wissenswertes: Anders als andere Wasservögel können Kormorane ihre Federn nicht einfetten. Daher haben sie beim Tauchen weniger Auftrieb: Danach muss das Gefieder getrocknet werden. Sie sind ausgesprochen gute Taucher, die in bis zu 6 m Tiefe für maximal 60 Sek. lang nach Nahrung suchen können. Zwischen April und Juli erbrüten beide Eltern drei bis vier Jungvögel.

Lebensraum: an nahezu allen größeren Seen in Köln und am Rhein. Besonders gut kann man sie auf erhöhten Warten beobachten, z. B. auf den Pfeilern am Flussufer.

GROBGERIPPTE KÖRBCHENMUSCHEL

....

Wissenschaftliche Bezeichnung:
Corbicula fluminea

Erscheinung: Neben der oben genannten Muschel kommt die sehr ähnliche Art der Feingerippten Körbchenmuschel ebenfalls im Rhein vor. Man geht jedoch davon aus, dass etwa 90 % aller vorkommenden Tiere zur im Titel genannten Art zählen. Sie lassen sich nur sehr schwer unterscheiden. Die 2 bis 3 cm lange Muschel ist sehr dickschalig und oval. Ihre Grundfarbe ist gelblich braun, es gibt verschiedenste Farbgebungen. Die Muschelschalen sind längs gerippt.

Nahrung: Kleinstlebewesen, die im Wasser leben

Wissenswertes: Die Körbchenmuschel zählt zu den Neozoen, also zu den Arten, die sich neu in der Region angesiedelt haben. Ursprünglich stammt sie aus Asien. Sie ist sehr anpassungsfähig, kann in kalten und warmen Gewässern leben und sich ungeschlechtlich fortpflanzen. Vermutlich ist sie durch Ballastwasser von Frachtschiffen in den Rhein gelangt.

Lebensraum: Mittlerweile ist die Körbchenmuschel die häufigste Muschelart im Rhein. Sie besiedelt sandige und kiesige Uferzonen.

FOTOTIPP

Ausgerüstet mit Stativ und Weitwinkelobjektiv lassen sich großartige Langzeitaufnahmen machen. Bestenfalls ist man schon vor Sonnenaufgang an den Sandstränden der Halbinsel, um die ersten Rottöne des Morgens einzufangen. Das Resultat der Langzeitbelichtungen ist immer wieder beeindruckend: Das weiche Fließen des Wassers und die daraus herausragenden Steine, gepaart mit den besonderen Lichtverhältnissen, führen zu einzigartigen, surreal wirkenden Aufnahmen.

Natur erleben

Gerade im Winter lohnt ein Besuch am Rhein, wenn die Wellen bizarre Eisformationen am Ufer zurücklassen und alles, was in erreichbarer Nähe ist, in eine dicke Eisdecke einschließen. Dann schimmern einfache Sandsteine in fantastischen Farben und eine mit Kieseln und Abertausenden Muschelschalen gespickte Eisschicht ziert das Flussufer. Im Norden und Süden kann man kilometerweit durch die Winterlandschaft der Felder schlendern und sich den frostigen Wind um die Nase wehen lassen. Die knorrigen Bäume zeigen wie schwarze Finger aus einer dünnen Schneedecke in den Himmel. Kaum irgendwo im Stadtgebiet ist es im Winter so friedlich wie an den langen Ufern des Rheins.

RHEINPARK UND JUGENDPARK
(STADTBEZIRK INNENSTADT UND MÜLHEIM)

Einen besonders natürlich gewachsenen Eindruck macht der Rheinpark am Deutzer Rheinufer nicht gerade. Hier gedeihen so viele verschiedene Baumarten, wie Nationalitäten in Köln zu Hause sind. Eichen und Birken, Pappeln, Fichten und Kiefern haben hier ihren Platz – und das schon seit 1950, als die damaligen Stadtväter das Gelände zur Bundesgartenschau 1957 herrichten ließen. Die Rasenflächen sind dementsprechend von Beeten mit Zierpflanzen unterbrochen, überall finden sich Skulpturen und Wasserspiele, die den Park zu einem abwechslungsreichen Garten werden lassen. Das lockt eine Vielzahl Freizeitsuchender an: Im Sommer kommen Familien, wie es scheint, mit ihrem ganzen Hab und Gut in den Park, um zu picknicken. Immer noch sorgt die Stadt dafür, dass der weitläufige Park stets gepflegt ist, somit bleibt es ein Vergnügen, dem Rheinpark einen Besuch abzustatten. Mit seiner zentralen Lage direkt am Rhein, nur durch eine Reihe aus Pappeln und Weiden vom Fluss getrennt, liegt er zudem geradezu ideal, um mitten in der Stadt ein wenig Grün zu genießen. Eingerahmt von Besuchermagneten wie der Claudiustherme, dem Tanzbrunnen und der Freizeitoase unter der Zoobrücke ist hier immer was los. Über dem Park schleichen die Gondeln der Rhein-Seilbahn – von denen man einen spektakulären Ausblick über den Park und die Kölner Skyline samt Dom hat – im Schneckentempo vorbei. So gemächlich wie in den zuvor beschriebenen Rheinauen geht es hier zwar nicht zu, aber wer Zeit mitbringt, dem gelingt es bald, sich in die Natur des Parks einzufühlen, auch wenn die Ruhe durch die stetig befahrene Zoobrücke akustisch eher mäßig ist.

Botanisch ist der Rheinpark durch das immense Angebot an Bäumen sehr interessant, die Tierwelt ist dagegen etwas schmaler aufgestellt. Neben den fast schon obligatorischen Krähen, Elstern und Amseln, die auf den Wiesen mit der Nahrungssuche beschäftigt sind, fühlen sich hier auch Möwen und Tauben zu Hause. Auch Halsbandsittiche finden im Rheinpark reichlich Nahrung. Vor allem die Früchte der Hainbuche haben es den grünen Papageien angetan. Sie streiten überall in den Buchen um die besten Plätze, bevor sie in aller Seelenruhe Schulter an Schulter, oder besser Flügel an Flügel, die schmackhaften Früchte verspeisen.

Spannend sind aber vor allem die Kanadagänse, die es sich im Frühjahr auf der großen Wiese des Parks bequem machen und hier in Scharen weiden. An Menschen haben sich die Tiere mittlerweile so sehr gewöhnt, dass sie bis auf wenige Zentimeter an den Betrachter herankommen und diesen neugierig beäugen.

Mit der Silhouette des Doms im Hintergrund sind sie wohl der Inbegriff von Natur in der Stadt und machen deutlich, dass sich sogar fremde Arten im Stadtgebiet heimisch fühlen.

KANADAGANS

Wissenschaftliche Bezeichnung:
Branta canadensis

Erscheinung: Die Kanadagans ist die größte hier vorkommende Gänseart. Ihre Oberseite ist graubraun, Hals, Kopf und Schnabel sind schwarz. Auffällig ist ein weißer Fleck, der hinter dem Auge beginnt und sich bis zur Kehle zieht. Die Füße der Gans sind ebenfalls schwarz.

Nahrung: Sämereien und Kräuter, teilweise Wasserpflanzen, auch Würmer und Schnecken

Wissenswertes: Schon seit vielen Jahrzehnten lebt die ursprünglich aus Nordamerika stammende Art in der Kölner Bucht. Sie zieht das gesellige Beieinander in Kolonien vor, in denen auch die Brut stattfindet. Zwischen April und August brütet die Kanadagans fünf bis sechs Nestflüchter aus.

Lebensraum: In Köln trifft man Kanadagänse in großer Anzahl im Jugendpark (Frühjahr) an, sie leben außerdem an Seen und Teichen in der Stadt, z.B. am Höhenfelder See und am Aachener Weiher.

Wenn die ersten schönen Frühlingstage ins Freie locken, ist man mit Kindern im Rheinpark prima aufgehoben. Die Kanadagänse grasen auf den weiten Grünflächen und ein riesiger Spielplatz sorgt dafür, dass die Kleinen auch nach ausgiebigem Spaziergang immer noch Lust haben, an der Luft zu sein. Geht man ruhigen Schrittes langsam auf die neugierigen Gänse zu, kann man sie aus nächster Nähe beobachten – manchmal kommen sie sogar selbst einen Schritt herangelaufen. Gerade für Kinder ist das ein spannendes Erlebnis, während es den Eltern Freude macht, zuzusehen, mit wie viel Spaß der Nachwuchs mit „wilden" Tieren in Kontakt kommt.

STAR

Wissenschaftliche Bezeichnung:
Sturnus vulgaris

Erscheinung: Der Star wird häufig mit der Amsel verwechselt. Er ist ebenso groß, sein Prachtgefieder glänzt jedoch metallisch. Im Schlichtkleid (ab Herbst) ist er unscheinbar braun, selbst der sonst gelbe Schnabel wird dann dunkel. Im Flug ist er an seiner dreieckigen Flügelform erkennbar.

Nahrung: Insekten und Kleintiere, Beeren und Früchte

Wissenswertes: Der Star lebt in großen Schwärmen. Die Wintermonate verbringen die Kölner Stare im westlichen Europa oder im Mittelmeerraum, bevor sie ab Februar wieder zurück in die Kölner Bucht kommen. Als Höhlenbrüter ziehen sie zwischen April und Juli vier bis sechs Jungvögel auf, die nach drei Wochen ihre Nester verlassen.

Lebensraum: Sie kommen in Laubwäldern, Parks und Gärten vor. In Köln kann man den Star entlang des Rheins auf offenen Wiesen beobachten. Größere Schwärme findet man in der Worringer Feldflur (Stadtbezirk Chorweiler) und um Weiler.

Im Sommer fallen hin und wieder Schwärme von Staren auf den Wiesen ein. Es ist ein großartiger Anblick, wenn ein ganzer Schwarm wie auf ein geheimes Zeichen hin auffliegt und in einer dunklen Wolke knapp über dem Boden schwebend den Nahrungsplatz wechselt. Der schillernde schwarze Vogel kommt nur zur Stippvisite an den Rhein, vor allem trifft man ihn auf den weitläufigen Feldern in den Kölner Randbezirken.

Für Naturliebhaber, die es lieber etwas ungeordneter und wilder haben, ist der benachbarte Jugendpark der passende Ort. Hier finden sich zwischen Pappeln und Weiden noch einige Strände, die auch bei Grillfans sehr beliebt sind. Atmosphärisch wird es, wenn am Wochenende der Qualm der Lagerfeuer eine wabernde Decke über den Fluss legt und das Gekreische der Möwen und Gezeter der Sittiche die Fantasie beflügeln. Die Kehrseite ist, dass der Strand leider mit Scherben und Kronkorken verunstaltet ist. In ruhigeren Momenten sieht man hier Fischreiher und Kormorane, die die seichten Ufer des Rheins als Vorratskammer und die knorrigen Bäume zum Ausruhen nutzen.

FOTOTIPP

Wenn der Rhein im Frühjahr Hochwasser führt und überall im Stadtgebiet über die Ufer tritt, bleibt auch der Rheinpark nicht verschont. Hier hat der Fluss Platz, um sich ins Rechtsrheinische auszudehnen. Dann ist von den grünen Flächen des Parks kaum noch etwas zu sehen. Nur der Baumgürtel am Ufer lässt erahnen, wo eigentlich das Flussufer verläuft. Die untergehende Sonne färbt die flachen Wasser in pastellfarbene Töne und der Dom spiegelt sich im Rhein. Mit Stativ und langen Belichtungszeiten lassen sich traumhafte Sonnenuntergänge vor der Silhouette der Stadt festhalten.

POLLER WIESEN (STADTBEZIRK PORZ)

Zwischen Severins- und Rodenkirchener Brücke erstrecken sich am rechten Rheinufer die Poller Wiesen. Auf den weitläufigen Grünflächen herrscht reger Freizeitbetrieb: Grillen, Drachensteigen und Spaziergänge mit Hunden stehen hoch im Kurs. Obwohl das Landschaftsschutzgebiet nur durch einen Linden-gürtel von der anliegenden Industrie getrennt ist und es nur bei Niedrigwasser winzige Strandabschnitte gibt, zieht es Tag für Tag unzählige Kölner hierher. Hübsch anzusehen sind vor allem die renovierten Speicherhäuser im neu ge-stalteten Rheinauhafen am gegenüberliegenden Ufer. Am schönsten ist es im Herbst, wenn der Rhein Hochwasser führt und sich die goldenen Linden in den überschwemmten Wiesen spiegeln. In puncto Tier- und Pflanzenwelt ist auf den Poller Wiesen wenig los, spannend wird es allerdings, wenn Franz Eikermann mit seiner Schafherde zu Gast ist.

MOORSCHNUCKEN – SCHAFE EROBERN DIE INNENSTADT

Stellen Sie sich vor, Sie sitzen auf dem Deich der Poller Wiesen, blicken auf den Dom und Groß St. Martin. Die Sonne kitzelt Sie im Gesicht und unter Ihren Füßen fühlen Sie das weiche Gras. Auf den weitläufigen Wiesen vor Ihnen grast eine Herde Schafe und der Westwind treibt Ihnen eine Brise Stadtluft, gepaart mit dem Geruch der Schafe, in die Nase.

Gibt's nicht? – Gibt's doch. Schafe sind längst zum festen Bestandteil des städtischen Lebens geworden, dennoch hat es etwas Romantisches, wirkt wie aus einer anderen Zeit, wenn die Schafe vor den Toren Kölns über die Weideflächen ziehen, zu denen die Grünflächen dann werden. Hier mähen sie auf natürliche Weise die Wiesen und sind dabei weit schöner anzusehen – und wesentlich umweltfreundlicher – als jedes Mähgerät.

Inmitten seiner Schafe taucht Franz Eikermann auf. Der Schäfer aus Leidenschaft zieht seit 1974 mit 400 Tieren zwölf bis 14 Stunden täglich, sieben Tage die Woche, 365 Tage im Jahr durch die Natur und möchte, trotz der vielen Arbeit, niemals etwas anderes tun. Schon früh hat er seine Begeisterung für diese Tiere und die Arbeit in der Natur entdeckt. Nun ist er bereits in der vierten Generation Schäfer. Auf den Wiesen des Blücherparks gerät Franz Eikermann ins Schwärmen. Diese satten Wiesen, der azurblaue Himmel, und überall Schafe. Das sei doch Urlaub, wozu solle man da noch wegfahren, wenn man jeden Tag Ferien inmitten der Großstadt machen kann.

Im Frühjahr kommt Leben in die Herde: Im März und April erblicken täglich 15 bis 20 Lämmchen das Licht der Welt und laufen schon kurz nach der Geburt wild blökend durch die Herde auf der Suche nach der ersehnten Schafsmilch. Am Geruch und an der Stimme erkennen die Schäfchen ihre Mütter. Rund um die Herde ziehen Schäferhunde ihre

Runden und sorgen dafür, dass alle Tiere zusammenbleiben und nicht irgendwohin ins Stadtgebiet ausbüxen. Wenn die Weidegründe des Rheins für kurze Zeit erschöpft sind, zieht Eikermann mit Hund und Herde weiter, über Straßen, durch die Veedel, vorbei an Hektik und Hochhäusern zum nächsten Stückchen Grün, wo das Gras sprießt.

Auf den Poller Wiesen grasen die Schafe recht häufig. Da sie keine Angst vor Menschen haben, kann man sich in aller Seelenruhe inmitten der Tiere niederlassen und darauf warten, dass sie einem vor die Kamera laufen. Im Vordergrund ein neugieriges Lämmchen, im Hintergrund die Silhouetten von Dom, Groß St. Martin und die Kranhäuser: Das wirkt zunächst etwas surreal, ist mittlerweile aber zu einem typischen Köln-Panorama geworden.

DIE „RODENKIRCHENER RIVIERA"
(STADTBEZIRK RODENKIRCHEN)

Wer kann in Köln schon von sich behaupten, eine eigene Riviera vor der Haustüre zu haben? Die Rodenkirchener können das! Feinster Sand, den der Rhein im Laufe der Jahrhunderte angespült hat, bedeckt hier die Ufer. Seicht wiegt sich das Gras an den vielen Kribben, die ins Wasser ragen, um das Tempo des Flusses zu drosseln. Gerade deshalb eignet sich die Riviera bestens, um hier die Füße ins Wasser zu halten und dem steten Treiben auf dem Fluss zuzusehen. Kilometerweit lässt es sich im wahrsten Wortsinne lustwandeln. Auch Einkehrmöglichkeiten gibt es reichlich auf den Restaurantbooten am Ufer.

Der Sandstrand lädt ein, um in der Sonne zu liegen und am Wasser zu faulenzen. Immer wieder fliegen kleine Trupps der zahlreich vertretenen Lachmöwen knapp über der Wasseroberfläche vorbei, vereinzelt kreuzen Kormorane ihre Wege.

LACHMÖWE

Wissenschaftliche Bezeichnung:
Larus ridibundus

Erscheinung: Die gesellig lebende Lachmöwe wird etwa 40 cm groß. Die Oberseite ihres Körpers ist hellgrau, die Unterseite der Flügel sowie ihr Schwanz sind weiß. Die Flügelspitzen sind am hinteren Rand schwarz. Ihr Kopf ist im Sommerkleid dunkelbraun, im Winter weiß. Schnabel und Beine leuchten rot.

Nahrung: Insekten, Fische, Aas

Wissenswertes: Die Lachmöwe übernachtet auf dem Wasser, den Tag verbringt sie an den Ufern, auf Bojen und Geländern der Altstadt sowie an Strandabschnitten. Zwischen April und Juli erbrüten die Möwen in Kolonien einmal jährlich drei Junge.

Lebensraum: Lachmöwen sind am Rhein ganzjährig zu beobachten. Sie sind die am häufigsten vertretene Möwenart des Binnenlandes.

Aus der richtigen Perspektive betrachtet, verliert Rodenkirchen seinen Großstadtcharakter und gleicht einem naturbelassenen Fleckchen am Meer. Die Brandung des Rheins tut ihr Übriges und wenn die Möwen zu kreischen beginnen, sind Fantasiebegabte der Stadt vollends entflohen.

FOTOTIPP

Lachmöwen sind besonders gute Fotomotive, da sie sich vom Menschen nicht stören lassen, sondern sich ganz natürlich verhalten. Sie suchen im seichten Wasser nach Nahrung und fliegen auf der Suche nach Fressbarem die Strandabschnitte ab. Mit Brennweiten von 200 Millimeter lassen sich formatfüllende Möwenbilder machen. Dazu eine kurze Verschlusszeit, und schon kann man die Vögel vor blauem Himmel „einfrieren". Wenn sie gleich in ganzen Schwärmen an die Riviera kommen, gelingt es, mit dem Weitwinkel das Arrangement zwischen Mensch und Natur festzuhalten.

FORSCHEN AM RHEIN – DAS UNIBOOTSHAUS

Vor Bayenthal ankert im Fluss die Ökologische Rheinstation, das Unibootshaus. Maßgeblich an dessen Aufbau beteiligt war der Zoologe Dr. Armin Kureck. In mühsamer Kleinarbeit ist aus dem alten Kahn ein modernes Labor geworden. Eine schwimmende Rheinstation, Außenstelle des Zoologischen Instituts der Universität zu Köln. Hier hat Armin Kureck Eintags- und Köcherfliegenlarven erforscht, die Neuankömmlinge des Rheins – sogenannte Neozoen – wie die Grundeln und die Körbchenmuschel begrüßt und sich mit den Fischarten des Rheins beschäftigt.

Zu Beginn seiner Tätigkeit war im großen Strom nicht mehr viel los. Zu belastet war der Fluss durch ungeklärte Abwässer aus Industrie und Landwirtschaft. Auch verschmutztes Wasser aus Haushalten, das ohne Aufbereitung in den Rhein geflossen ist, hat dazu beigetragen, dass 1969 nicht einmal mehr zehn Kleintierarten im Fluss zu finden waren. 1920 hatte es noch mehr als 60 verschiedene Weichtiere, Krebse und Fliegen gegeben.

Heute ist „dat Wasser vun Kölle wiedder jut" und die Tiere kehren zurück. Schon im Jahr 1995 hatte der Rhein fast wieder den Kleintierbestand von 1920 erreicht. Bei den Fischen fehlen nur noch der Atlantische Stör und der Strumer, dann sind alle ursprünglichen 65 Fischarten wieder im Fluss heimisch. Nicht alle sind von selbst zurückgekommen. Manche, wie der Maifisch oder der Lachs, mussten hier in mühsamen Projekten erst wieder ausgewildert werden. Aber auch ihr Bestand nimmt langsam zu.

Im Labor reihen sich Wasserwannen an Fließröhren, Muscheln wachsen in Rinnen, durch die Rheinwasser strömt. Hier kann unter natürlichen Voraussetzungen erforscht werden, was sonst vom Wasser bedeckt wird. Es werden Proben direkt aus der Strömung entnommen, aus denen sich die Wasserqualität des Rheins ablesen und die im Fluss vorkommenden Lebewesen untersuchen lassen. Armin Kureck ist mittlerweile zwar pensioniert und widmet sich vor allem seinem großen Hobby, der Imkerei, erklärt interessierten Besuchern aber hin und wieder voller Leidenschaft den Rhein und seine Bewohner.

LANDSCHAFTSSCHUTZGEBIET WEISSER BOGEN (STADTBEZIRK RODENKIRCHEN)

Im Kölner Süden trennt das Landschaftsschutzgebiet Weißer Bogen die Stadtteile Rodenkirchen und Weiß. Die abwechslungsreiche Landschaft reicht mit ihren Wäldern und Feldern bis an die Ufer des Flusses heran. Hier hat man den Eindruck, eher am ländlichen Niederrhein und nicht mehr auf Kölner Boden zu sein. Nicht einmal die Zwillingstürme des Doms sieht man zwischen den Wipfeln der Bäume emporragen. Die weite Feldflur wird landwirtschaftlich genutzt, Mais und Getreide gedeihen und verleihen der Landschaft ihr braun-grünes Farbenkleid.

Eichen und Ahorn trennen die Felder vom Auenwald, der hauptsächlich aus Pappeln besteht. Verschlungene Pfade führen kreuz und quer durch den Wald, im Sommer ist das Springkraut am Wegesrand ein ständiger Begleiter. Auch hier steht es meterhoch und macht nur undurchdringlichen Brennnesseln Platz. Zum Ufer hin sind es zunehmend Esche, Haselnuss und wilde Kirschen, die die Waldausläufer prägen. Bei Hochwasser bilden junge Weiden, die in unmittelbarer Ufernähe zwischen den Steinen emporkommen, Sumpflandschaften mitten im Stadtgebiet.

Schafgarbe, Hahnenfuß, Zaunwinden und Klee bestimmen die bunte Flora auf den Wiesen. Auf den weitläufigen Koppeln grasen Pferde vor Porzer Stadtkulisse am gegenüberliegenden Ufer und am Himmel kreisen Mäusebussarde. Im späten Frühjahr, wenn die Mauersegler aus ihren Winterquartieren zurückgekommen sind, kann man sie dabei beobachten, wie sie dicht über dem Boden pfeilschnell über die Wiesen jagen, um Insekten zu erbeuten.

Unzählige Arten haben im Weißer Bogen eine Heimat gefunden. Kohlweißlinge und Große Ochsenaugen sind typische Schmetterlinge in der Feldflur. Bienen, Grashüpfer und Käfer bevölkern die Wegesränder. Das steinige Ufer des Rheins bietet vielen Wasservögeln ausreichend geschützte Räume, um bei der Brut und Aufzucht ihrer Jungtiere nicht vom Menschen gestört zu werden. Vor allem Kormorane und Stockenten lassen sich hier gut beobachten. Wer Geduld hat, sollte es sich an einem Sommertag hinter dem dichten Springkraut eine Weile gemütlich machen: Mit etwas Glück kann man nahe dem Ufer Kormorane entdecken, die auf der Jagd nach Fisch geschickt ihre Tauchkünste vorführen. Aus den Bäumen ertönen die Rufe und der Gesang unzähliger Vogelarten. Meist bekommt man diese zwar nicht zu Gesicht, doch die Gewissheit um ihre Anwesenheit macht einen Spaziergang im Weißer Bogen nicht nur für Vogelfreunde reizvoll.

NATURSCHUTZGEBIET AM GODORFER HAFEN
(STADTBEZIRK RODENKIRCHEN)

Ein Stück weiter rheinaufwärts liegt dieses umstrittene Schutzgebiet. Egal, ob man es nun „Am Godorfer Hafen" oder „Sürther Aue" nennt: Fällt einer dieser Begriffe, ist die Diskussion schon in vollem Gange. Denn immer mehr Natur soll dem Ausbau des Godorfer Hafens zum Opfer fallen. Und das, obwohl die landwirtschaftlich genutzten Flächen mit ihrem lockeren Baumbestand ideale Lebensbedingungen für eine Vielzahl von Tieren bieten: Die Beschaffenheit des Terrains ist noch recht ursprünglich erhalten und auch der Rhein fließt noch naturnah. Selbst die steinerne Befestigung des Ufers fügt sich ins Gelände ein. Hecken und lichte Gehölze schaffen Lebensraum für am Boden lebende Hühner wie Fasane und Rebhühner. Das Schutzgebiet bietet Greifvögeln wie dem Turmfalken und Milanen beste Jagdmöglichkeiten, da die Nagetierpopulationen eine gesunde Größe haben. Selbst Zauneidechsen lassen sich in der Sürther Aue sehen.

Wie lange das noch so bleiben wird, ist fraglich, zu viele Stimmen sprechen für den Hafenausbau. Schon jetzt ist es ein kurioser Anblick, wenn man die Turmfalken am Himmel rütteln sieht, während im Hintergrund Industrieschornsteine Wasserdampf in die Lüfte blasen. Wer die außergewöhnliche Natur im Schutzgebiet erleben möchte, sollte sich Zeit nehmen und ein gutes Fernglas einpacken, dann besteht die Möglichkeit, seltene Vögel und andere Arten zu entdecken, solange sie hier noch eine Zuflucht finden. Selbst einige Vögel, die es mittlerweile traurigerweise auf die Liste der bedrohten Arten geschafft haben, lassen sich hier beobachten. Zu ihnen zählen die Beutelmeise, die Nachtigall, der Neuntöter sowie die Feldlerche. Im Naturschutzgebiet Am Godorfer Hafen finden sie eine letzte innerstädtische Rückzugsmöglichkeit.

LANDSCHAFTSSCHUTZGEBIET ZÜNDORFER GROOV (STADTGEBIET PORZ)

Ein kleines befriedetes Hafenbecken bildet den Start dieses Landschaftsschutzgebietes auf der rechten Rheinseite im Kölner Süden. Hier liegen schaukelnde Boote, die darauf warten, an sonnigen Tagen durch die Wogen bewegt zu werden. Nur durch einen schmalen Streifen Land getrennt, schließen sich an das einzige sportlich genutzte Hafenbecken auf Kölner Boden die beiden Gewässer an, die dem Landschaftsschutzgebiet ihren Namen geben: die obere und die untere Groov. Bis vor vielen Jahrhunderten noch war die Groov eine Insel, auf der Handelsleute geschickt das Kölner Stapelrecht umgingen. Heute ist sie vor allem ein kleines Tierparadies.

In der Auenlandschaft am Fluss ist die Natur ursprünglicher als an den meisten anderen Flusskilometern stromabwärts. Das Wasser des Rheins hat Platz, um in die Auenlandschaften zu steigen, macht die Böden fruchtbar und bietet ein reichhaltiges Nahrungsangebot für Wasservögel sowie Brutmöglichkeiten in den uralten Bäumen. Die Ufer in Zündorf sind großflächig von feinstem Sand bedeckt, gespickt mit Körbchenmuscheln und Kieseln. Zwischen den steinernen Kribben kann man einsam die Natur genießen, und auch am Abend, wenn die Sonne am anderen Flussufer hinter Weiß untergeht, ist man meist der Einzige, der dem Farbspektakel beiwohnt.

Wiesen, Wäldchen, Seen und Flusslandschaften wechseln sich stetig ab, sodass hier auch wählerische Naturliebhaber fündig werden. Am Gewässer tummeln sich Schwäne, Enten, Kormorane und Fischreiher, denn es gibt reichlich Beute. Das mit Schilf bewachsene Ufer bietet den ruhenden Tieren auf dem Wasser einen guten Schutz vor zu viel menschlichem Trubel. Am Ufer des Rheins wachsen

die Disteln mannshoch und ziehen wie magisch die Stieglitze an, die nicht umsonst den Namen Distelfink tragen. Mit seinem farbenfrohen, gelb-braunen Federkleid und den roten Bäckchen kann man ihn schnell eindeutig bestimmen.

Im Wäldchen und auf den Freiflächen südlich der Groov stehen alte Kirschbäume und liegt viel Totholz, auf denen Baumläufer, Spechte und Kleiber zu finden sind. Die Kirschblüten bieten dem Halsbandsittich (s. Foto oben) im Frühjahr ein „gefundenes Fressen". Hier lassen sich unsere „Immis" beobachten, wie sie sich über die weißen Blüten hermachen. In der Groov kann man gut und gerne einen ganzen Tag verbringen und sich, vom See an den Rhein, durch dichte Auenwälder und die stadtnahe Natur treiben lassen.

FOTOTIPP

Die vielen sandigen Abschnitte in Zündorf, Rodenkirchen und auf der Halbinsel Am Molenkopf bieten beste Voraussetzungen, um Köln fotografisch ans Meer zu rücken. Wer an einem schönen Frühlingstag bei blauem Himmel unterwegs ist, der findet schnell ein Stückchen Strand, auf dem Körbchenmuscheln herumliegen. Dann bedarf es nur noch der richtigen Perspektive, und schon hat man ein wunderbares Strandfoto geschossen. Ein bisschen Eigeninitiative ist gefragt, vielleicht muss man die Sanddüne erst noch zurechtformen, eventuell sogar noch mit Muscheln spicken. Die Kamera möglichst weit am Boden, schon hebt sich der feine weiße Sand vom blauen Kölner Stadthimmel ab und versetzt den Betrachter in Staunen.

NATURSCHUTZGEBIET LANGELER AUWALD (STADTBEZIRK PORZ)

GEBÄNDERTE PRACHTLIBELLE

....

Wissenschaftliche Bezeichnung:
Calopteryx splendens

Erscheinung: Männchen und Weibchen unterscheiden sich in der Farbe. Erstere sind blau glänzend, haben im Flügel ein dunkelblaues Band. Die Weibchen schimmern grünlich. Mit ihren 5 cm langen Körpern inklusive des Schwanzes gehören sie zu den kleineren Libellenarten.

Nahrung: fliegende Insekten

Wissenswertes: Die Prachtlibelle hat im Gegensatz zu anderen Libellenarten einen sehr charakteristischen Flugstil, wobei sie wie eine Mischung aus Schmetterling und Helikopter wirkt. Das lässt sich gut beobachten, wenn die Libellen von Grashalmen starten oder auf diesen landen. Zwischen Mai und September bekommt man die Gebänderten Prachtlibellen am ehesten zu Gesicht. Sie legen ihre Eier an Wasserpflanzen ab und überwintern, bevor sie sich verpuppen.

Lebensraum: Die Tiere kommen an langsam fließenden Gewässern vor, in Köln am Rheinufer des Langeler Auwaldes und im Naturschutzgebiet Oberer Mutzbach.

Dicht an dicht stehen die Schwarzpappeln im rechtsrheinischen Langeler Auwald. Nur zum Ufer hin werden sie von einigen jüngeren Weiden abgelöst. Auf dem kleinen Trampelpfad in Richtung Süden, der am Sportplatz Langel vorbeiführt, wächst entlang des Weges mannshoch das Springkraut, das an einigen Stellen ein undurchdringliches Dickicht bildet. Nur einige kleine Pfade führen durch Schilf und Brennnesselfelder ans Wasser. Wer sich bis hierhin durchgekämpft hat, der wird mit einsamen Kiesstränden belohnt. Bis an die äußerste Südspitze Kölns verirrt sich kaum ein Mensch. Die Ufer sind sauber, hier finden sich keine Grillabfälle oder Müll, nur das, was der Rhein ans Ufer gespült hat. Nicht mal an den Wochenenden ist viel los und man hat den Rhein ganz für sich alleine. Den Status des Naturschutzgebietes hat dieses Fleckchen Köln redlich verdient, der Auwald und sein unbegradigtes Ufer sind weitestgehend ohne menschlichen Einfluss davongekommen. Eine Vielzahl Fische nutzen die kiesigen seichten Ufer als Lebensraum. Lachse und Flussneunaugen sollen durch die Ausweisung als Naturschutzgebiet besonderen Schutz erfahren. Und auch die selten gewordene Gebänderte Prachtlibelle, die wie ein Helikopter von Halm zu Halm fliegt, hat sich hier ein Stück Lebensraum zurückerobert.

Im Norden schließt sich an das Naturschutzgebiet ein weiterer geschützter Bereich an – das Landschaftsschutzgebiet um den Langeler Dorfteich, auf dem stets viele Wasservögel zu beobachten sind. Fischreiher verbringen den Tag am Nordufer, Kormorane wechseln ihre Nahrungsgründe zwischen Rhein und Tümpel. Schwäne und Enten gehören wie überall zu den häufigsten Bewohnern. Im ruhigen Wasser spiegeln sich die umliegenden Häuser, während die Blesshühner mit wackelnden Köpfen ihre Runden ziehen. In Langel und der umliegenden Natur spürt man von der pulsierenden Stadt einige Kilometer stromabwärts nichts mehr.

CHORWEILER

DER STADTBEZIRK CHORWEILER

Der am weitesten im Norden gelegene Stadtbezirk Chorweiler hat kaum noch Großstadtcharakter. Auf einem Quadratkilometer leben hier gerade einmal 1200 Einwohner, allerdings teilen diese sich vor allem große Wohnblocks. Chorweilers Ruf ist in Köln sicher nicht der beste. Mit diesem Namen verbindet der Kölner wohl eher den „sozialen Brennpunkt". Aber kaum irgendwo im Stadtgebiet zeigt sich die Natur so artenreich wie hier: Pirol, Eisvogel und Dachs sind nur einige Beispiele außergewöhnlicher Arten. Vor allem Säugetiere gibt es zu bestaunen. Die Landschaft ist geprägt von Feldern und Wiesen, der Chorbusch nimmt als naturnaher Wald eine große Fläche im nordwestlichsten Zipfel Kölns ein. Der Natur bleibt genügend Platz, um sich in ihrer gesamten Schönheit zu entfalten: Wald, Seenlandschaften oder offene Feldflur. Chorweiler bietet „Natur pur".

NATURSCHUTZGEBIET BAADENBERGER SENKE, STOECKHEIMER SEE UND GROSSE LAACHE/PESCHER SEE

Am südlichen Rand des Bezirks, hinter dem Militärring, liegt eine großartige Seenlandschaft bestehend aus Baadenberger Senke, Stoeckheimer See und Großer Laache. Vor langer Zeit waren dies einmal Kiesbaggereien – heute ist das gesamte Areal zum Naturschutzgebiet erklärt. Von außen kaum einsehbar, sind die Ufer der Seen von Weiden und anderen Baumarten regelrecht umzingelt – und größtenteils frei von Müll und Unrat. So kann sich die Natur hier ungestört ausbreiten und bleibt sich selbst überlassen, was auch damit zusammenhängt, dass das

Betreten des Naturschutzgebietes größtenteils verboten ist. Lediglich der am weitesten im Norden gelegene See bietet eine offene Stelle, an der keine Hinweisschilder den Weg ans Ufer versperren.

Im Norden schließt sich der unter Landschaftsschutz stehende Pescher See an. Auch seine Ufer sind bis auf wenige Ausnahmen für Besucher tabu. Die Tierwelt der beiden Schutzgebiete ist dennoch erlebbar. Überall an den Ausläufern der grünen Gebiete bevölkern Spinnen und Käfer die Wegesränder. Auf den langen Halmen wiegen sich Libellen (s. Foto rechts, Pechlibelle) hin und her. In den Feldern zwischen den Seen finden Fasane eine der wenigen verbliebenen Rückzugsmöglichkeiten im Kölner Stadtgebiet.

Vor allem für die einheimischen Wasservögel sind die Seen als Lebensraum und Rastplatz von Bedeutung, viele ziehen hier ihren Nachwuchs groß. So kann man neben Enten, Gänsen und Schwänen auch die schwarz-weiß gestreiften Jungtiere der Haubentaucher bestaunen, die auf den Seen erste Tauchversuche unternehmen. Auf der Insel des Pescher Sees trocknen Kormorane (s. Foto links) zwischen Kanada- und Graugänsen ihre Schwingen, während im Buschwerk am Ufer Zilpzalp, Rohrsänger und Rotkehlchen singen und von den Wipfeln der Bäume die Eichelhäher schreien.

Einer der schönsten heimischen Vögel kommt früh am Morgen an überhängende Äste, um Fisch zu erbeuten: Nicht umsonst nennt man den prächtig blau schimmernden Eisvogel den „fliegenden Edelstein". Sein Flügel- und Rückengefieder ist von solch vollkommenem Blau, dass er kaum zu übersehen ist, wenn er mit spitzen „Ziiiiziiii"-Rufen knapp über dem Wasser dahergeflogen kommt. Um ihn zu beobachten, braucht es jedoch einen ziemlich langen Geduldsfaden. Denn viele dieser wunderschönen Tiere gibt es im Stadtgebiet nicht zu entdecken. Es ist wohl mehr eine Glücksbegegnung, als dass man es sich einfach irgendwo gemütlich machen und auf ihn warten könnte.

EISVOGEL

....

Wissenschaftliche Bezeichnung:
Alcedo atthis

Erscheinung: Durch sein kurzes Schwanz-gefieder und den großen Kopf mit dem langen, spitzen Schnabel macht der Eis-vogel einen gedrungenen Eindruck. Flügel, Rücken und Kopfoberseite sind von schil-lerndem Blau. Die Unterseite des Eisvogels ist braun-orange. Unter dem Schnabel trägt er einen weißen Kehlfleck.

Nahrung: überwiegend Fisch, auch kleinere Insekten

Wissenswertes: Der Eisvogel jagt als An-sitzjäger, das heißt, er sucht sich über dem Wasser hängende Äste, schaut ins Wasser und wartet auf Beutetiere, die sich in Ufernähe wagen. Wenn er einen Fisch gesichtet hat, stößt er pfeilschnell ins Wasser, um seine Beute mit dem Schnabel aufzuspießen. Eisvögel leben in selbst ge-grabenen Höhlen an sandigen Steilufern. Im Frühsommer erbrüten beide Elterntiere ca. sechs Jungtiere. Wenn in harten Win-tern die Seen zugefroren sind, verhungern viele Tiere.

Lebensraum: Der Vogel ist grundsätzlich in seinem Bestand gefährdet und hat es so traurigerweise auf die Rote Liste der gefährdeten Arten geschafft. In Köln gibt es nur sehr wenige Plätze, an denen er vorkommt. In der Worringer Rheinaue ist er wohl schon gesichtet worden, sicher kommt er zur Jagd an den Pescher See und auch im Naturschutzgebiet Am Hornpottweg (Stadtbezirk Mülheim) hat der Eisvogel eine letzte Heimat gefunden.

EISVÖGEL – FLIEGENDE EDELSTEINE

Die Seen in Chorweiler sind so zahlreich wie sonst nirgends im Stadtgebiet. Welch wahnwitzige Idee, hier einen Vogel zu fin-den, der gerade mal so groß wie ein Spatz ist. Einmal habe ich ihn gehört. Als ich Schwäne filmte, kam mir das charakteristische „Ziiiiziiii" zu Ohren. Am anderen Ufer sah ich zwei der wunder-schönen Tiere im Sonnenlicht aufblitzen. Keine Chance, ein Foto zu machen, nicht mal mit dem riesigen 500-Millimeter-Objektiv war irgendwas zu erkennen, außer einem braun-orangen Punkt im dichten Laub einer Buche.

Dass mir hin und wieder das Glück hold ist, wenn ich zum Fo-tografieren losziehe, ist mir durchaus bewusst, aber wo soll ich anfangen, diesen Vogel zu suchen? Am besten an der Stelle, wo ich ihn schon einmal gesehen habe. Um fünf Uhr klingelt der Wecker, lange bevor es hell wird, sitze ich im Tarnzelt, das Ca-mouflage der Oberfläche verschmilzt zwischen den Bäumen und macht mich fast unsichtbar. Ich versuche so wenig Lärm wie möglich zu machen. Es ist ein nebliger Septembermorgen, auf dem Wasser vor mir sind Schwäne, Zwergtaucher und Bless-hühner unterwegs.

17 kleinere und größere Seen liegen im Umkreis von nicht einmal drei Kilometern. Mehr als 50 Kilometer Uferlänge, wie groß ist da wohl die Wahrscheinlichkeit, dass einer der wenigen Eisvögel genau an der Ecke vorbeigeflogen kommt, die ich mir ausge-sucht habe? Gut, hier gibt es Äste, die über das Ufer ragen, keine Wege, auf denen Spaziergänger stören könnten, und reichlich Beutefische schwimmen ebenfalls in den flachen Randzonen des Sees.

Der Nebel wird immer dichter, die Sicht reicht kaum mehr 50 Me-ter. Alle Fotos haben einen unattraktiven Graustich, auch wenn es fürs bloße Auge aus dem Zelt heraus sehr anmutig wirkt. Zum Zeitvertreib filme ich die Schwäne, zur Abwechslung kommt ein Haubentaucher-Junges vorbei, dann ein Zwergtaucher. Ich bin begeistert, wusste nicht einmal, dass wir hier in Köln Zwergtaucher haben. An der Nebelgrenze sehe ich Reiherenten, die ewig unter Wasser bleiben können, eigentlich erahne ich sie mehr, für ein Foto reicht es nicht.

Und dann höre ich die lang ersehnten Rufe des Eisvogels. Überall um mich herum ist Platz, um sich niederzulassen. Und was macht der fliegende Edelstein? Keine zehn Meter von mir entfernt setzt er sich auf einen Ast, nur knapp über der Wasseroberfläche. Als Jagdplatz zum Fischen ist das nichts, denke ich noch, richte meine Kamera aus und stelle scharf. Schon hat er mich bemerkt, auch wenn ich mich nur so wenig wie nötig bewegt habe. Drei Bilder kann ich machen, bevor er wieder im Nebel verschwindet. Mit angehaltenem Atem drücke ich die Play-Taste meiner Kamera, zoome in die Bilder. Eines ist tatsächlich scharf. Meine Knie zittern, sind weich wie Butter. Ich könnte vor Freude schreien. Mache ich aber nicht, denn dann wären ja all die anderen Tiere auch weg.

Das sind wohl solche Momente, die man voll und ganz auskosten muss – und darf, denn vermutlich kommt so eine Begegnung auf Kölner Boden äußerst selten zustande. Den ganzen Tag habe ich ein Grinsen auf den Lippen. Schöner hätte einer der letzten Sommertage des Jahres wirklich nicht beginnen können!

HAUBENTAUCHER

Wissenschaftliche Bezeichnung:
Podiceps cristatus

Erscheinung: Der Haubentaucher ist in seiner Erscheinung unverwechselbar. Männchen und Weibchen sind gleich gefärbt. Charakteristisch sind die pinselartigen schwarzen Federpaare, die vom Kopf abstehen. Den Haubentaucher schmückt ein rostbrauner „Vollbart". Sein langer Hals ist weiß, seine Flügel und das Rückengefieder sind hellgrau bis schwarz. Der sehr lange Schnabel läuft spitz zu. Die Jungtiere haben eine besonders interessante Färbung: Sie ziert ein über Kopf und Hals verteiltes Zebramuster.

Nahrung: Fische und andere Wassertiere

Wissenswertes: Der Haubentaucher ist ein außerordentlich guter Taucher. Er kann fast eine Minute lang unter Wasser bleiben und taucht dabei bis zu 35 m tief. Beobachtet man, wie er irgendwo im See untertaucht, kann es sein, dass man ihn nach langer Zeit 30 bis 40 m entfernt wieder an die Oberfläche kommen sieht. Zur Balzzeit vollführen die Paare einen auffälligen Tanz.

Lebensraum: Haubentaucher fühlen sich an größeren, naturnahen Gewässern wohl. In Köln kann man sie im Naturschutzgebiet Baadenberger Senke, Stoeckheimer See und Große Lache, am Höhenfelder (Stadtbezirk Mülheim) und Fühlinger See sowie im Naturschutzgebiet Am Hornpottweg (Stadtbezirk Mülheim) beobachten.

VERÄNDERLICHE KRABBENSPINNE

Wissenschaftliche Bezeichnung:
Misumena vatia

Erscheinung: Mit bis zu 1 cm werden die Weibchen gut doppelt so groß wie die Männchen. Die Veränderliche Krabbenspinne ist farbvariabel, kann weiß, gelb und grünlich erscheinen. Wie alle Spinnentiere hat sie vier Beinpaare, ihr rundlicher Hinterleib ist auffällig groß gegenüber dem Kopf und den Beinpaaren.

Nahrung: Insekten bis zu einer Größe von Hummeln

Wissenswertes: Die Krabbenspinne ist in der Lage, ihre Farbe zu verändern und so optisch mit dem Untergrund zu verschmelzen. Beute fängt sie aus dem Schutz der Tarnung heraus und tötet sie mit einem Nackenbiss.

Lebensraum: Die Veränderliche Krabbenspinne kommt auf sämtlichen Wiesen im Stadtgebiet vor. Durch ihre gute Tarnung ist sie jedoch nur schwer zu entdecken. Man muss schon gezielt nach ihr suchen und die gelben und weißen Blüten genau inspizieren, um sie auszumachen.

Natur erleben

Unter der Woche ist an den Seen des Naturschutzgebietes kaum eine Menschenseele unterwegs. Am Abend wird es ganz ruhig am Wasser – da die Seen in so tiefen Senken liegen, dringen kaum Verkehrsgeräusche bis hierher. So hat man schnell das Gefühl, inmitten einer weitläufigen Seenlandschaft zu sein. Und man braucht deren Schönheit mit niemandem zu teilen, kann sich ganz alleine auf die Natur einlassen.

Besonders atmosphärisch sind die Seen bei Sonnenuntergang, wenn sich das Farbenspiel des Himmels im Wasser spiegelt. Über dem See ziehen kreischend die Gänse ihre Kreise und starten oder landen auf dem Wasser.

NATURSCHUTZGEBIET CHORBUSCH

Der Chorbusch bietet auf einer Fläche von mehr als 400 Hektar ursprünglichen naturnahen Altwald – einzigartig im Stadtgebiet. Als Naturschutzgebiet ausgewiesen hat die Natur die Möglichkeit, mit nur wenigen menschlichen Einflüssen zu gedeihen. Der Wald ist abwechslungsreich, überall liegt Totholz auf dem Boden. Gerade diese „ungepflegte" Erscheinung macht ihn so gesund. Bäume stürzen um, vermodern und bieten einer Vielzahl von Arten neuen Lebensraum. Farn bahnt sich seinen Weg zwischen den Baumriesen. Buschwindröschen wachsen flächendeckend auf dem Frühlingsboden. Wenn die aufgehende Sonne durch das Blätterdach der Bäume strahlt, hat dieser Kölner Ort etwas Verzaubertes und Märchenhaftes.

Etwas abseits der großen Spaziergängerrouten schlängeln sich verwunschene Pfade vorbei an umgestürzten Bäumen, kleinen Fichtenhainen und durch beinahe undurchdringliches Gebüsch. An feuchtwarmen Sommernachmittagen, wenn sich die Hitze im Wald staut, wird der Chorbusch regelrecht zum Dschungel. Aus den Baumkronen pfeifen die Pirole, Mücken sind so zahlreich wie im tiefsten Schweden und am Wegesrand rascheln Mäuse im dichten Gestrüpp. Wenn man dann auf die seltene Blindschleiche trifft, fühlt man sich tatsächlich wie in den Regenwald versetzt. Mit viel, viel Geduld und ebenso viel Glück sieht der Frühaufsteher vielleicht sogar einen Dachs. Denn der Chorbusch ist einer der wenigen Rückzugsorte auf Kölner Stadtgebiet für den schwarz-weißen Marder. Und sogar Waldschnepfen haben im Chorbusch eine letzte Kölner Heimat gefunden.

DACHS

....

Wissenschaftliche Bezeichnung:
Meles meles

Erscheinung: Mit einer Körperlänge von bis zu 80 cm ist der Dachs der größte heimische Marder. Seine Gestalt wirkt durch die kurzen Beine sehr gedrungen. Bauch, Beine und Rücken sind grau bis schwarz, sein Gesicht ziert eine schwarz-weiße Maske. Die Tiere können bis zu 18 kg schwer werden.

Nahrung: Er ernährt sich hauptsächlich von Regenwürmern und Schnecken, nimmt als Allesfresser aber auch Vögel und in Städten weggeworfene Lebensmittel zu sich.

Wissenswertes: Der Dachs ist ein rein nachtaktives Tier. Nur während der Aufzucht der Jungtiere sieht man ihn in der Dämmerung vor dem Bau. Er ist sehr heimlich und nahezu nur zu beobachten, wenn man die Lage seines Erdbaus genau kennt. In diesem lebt er gesellig im Familienverband zusammen. Er gräbt weit verzweigte Röhren in sandigen Boden. Das Tier hält Winterruhe.

Lebensraum: Dachse fühlen sich in großen Waldgebieten wohl, in Köln sind sie im Chorbusch und in der Wahner Heide zu finden.

BLINDSCHLEICHE

Wissenschaftliche Bezeichnung:
Anguis fragilis

Erscheinung: Sie wird bis zu 50 cm lang, ihre Hautschuppen sind schillernd braun.

Nahrung: Insekten, Schnecken sowie Spinnentiere

Wissenswertes: Die Blindschleiche wird fälschlicherweise oft als Schlange bezeichnet. Sie gehört jedoch zu den Echsen, ihr Kopf ist dem der Eidechse sehr ähnlich. Bei Gefahr kann sie ebenso wie die Eidechse ihren Schwanz abwerfen, um den Gegner zu verwirren oder sich aus dessen Klauen zu befreien. Im späten Sommer kommen bis zu 20 Jungtiere zur Welt.

Lebensraum: Die Blindschleiche lebt verborgen unter Stein- und Holzhaufen und nutzt sonnige, geschützte Plätze, um sich zu wärmen. Wer im Wald Steine und breite Rindenteile umdreht, hat gute Chancen, darunter eine Blindschleiche zu erblicken. Gesicherte Bestände gibt es im Chorbusch und in der Wahner Heide.

WORRINGER FELDFLUR

Westlich der Autobahnabfahrt Worringen auf der A57 liegt eine Feldflur, über die hinweg man bis auf die qualmenden Schlote der Kohlekraftwerke Garzweiler blicken kann. Die offene Landschaft wird intensiv für den Ackerbau genutzt. Zwischen den einzelnen Feldern verlaufen unbefestigte Pfade, die für den Pkw-Verkehr gesperrt sind. Nur wenige Spaziergänger, Jogger und Hundebesitzer nutzen die Wege. Nach kräftigen Regenfällen füllen sich die Senken am Straßenrand und auf den Wiesen mit großen Mengen Regenwasser, in dem sich Landschaft und Himmel in bizarren, verwunschenen Farben spiegeln.

Immer wieder säumen Buschreihen die Feldflur, beste Unterschlupfmöglichkeit für Feldhühner. Der Kölner Randkanal führt mitten durch die Felder, auch seine Ufer sind durch Hecken geschützt. Am Wegesrand wachsen Klatschmohn und Kornblumen, die abwechslungsreiche Landschaft bietet vor allem einer Vielzahl von Tierarten ideale Lebensbedingungen. Bei genauem Hinsehen macht man schnell Fasane, Hasen und Greifvögel aus. Mäusebussarde, Turmfalken und Milane sind stets am Himmel zu entdecken. In den Baumkronen kann man mit dem Fernglas kleine gelbe Punkte beobachten, die sich als Pirole entpuppen.

Wer die Natur genauer in Augenschein nehmen möchte, sollte auf jeden Fall einen guten Feldstecher im Gepäck haben. Damit lassen sich dann auch die am Boden lebenden Rebhühner und Feldlerchen auf den Feldern aufspüren. Und vielleicht schauen im Spätsommer sogar ein Paar Löffel zwischen den gemähten Halmen hervor. Feldhasen kommen in der Ackerlandschaft noch in einer stabilen Population vor. Wem ganz viel Glück beschert ist, der trifft in der Worringer Feldflur sogar auf einen Sprung (kleine Gruppe) Rehe, die auf den offenen Feldern auf Nahrungssuche sind.

FOTOTIPP

Wer mit großen Brennweiten ausgerüstet ist, sollte sich mit dem Auto auf dem Lehmbergweg, zwischen Randkanal und Sinnersdorfer Straße, postieren. Wie bereits in Bezug auf den Fuchs erwähnt, haben die meisten Tiere vor Pkw weit weniger Angst als vor Fußgängern. Und Tiere gibt es hier immer zu sehen: sei es der Mäusebussard auf einem Strohballen, die Jagdfasane (s. Foto unten), deren Männchen mit schillerndem Gefieder aufwarten, Rehe oder Hasen. Und wenn mal wirklich keines der erwähnten Tiere zu sehen ist, bleibt immer noch das Weitwinkelobjektiv, um die schöne Landschaft festzuhalten.

FELDHASE

Wissenschaftliche Bezeichnung:
Lepus europaeus

Erscheinung: Der Feldhase ist deutlich größer als das Wildkaninchen und wird bis zu 70 cm lang. Dabei erreicht er ein Maximalgewicht von 5 kg. Sein Fell ist bräunlich bis grau, wobei die Brust klar heller abgesetzt ist. Seine Ohren werden bis zu 10 cm lang und haben schwarze Spitzen. Die Augen des Hasen sind braun-orange.

Nahrung: Gräser, Knospen, Früchte, Kräuter

Wissenswertes: Der Feldhase lebt nicht wie Kaninchen in Erdbauen, sondern scharrt sich im offenen Feld eine Mulde (Sasse). Dort kauert er nieder und drückt sich so weit auf den Boden, dass er kaum noch zu sehen ist. Dies macht er auch bei Gefahr. Er ist überwiegend dämmerungsaktiv. Mehrmals im Jahr sind Würfe mit bis zu vier Jungtieren möglich.

Um Greifvögel wie Turmfalken (s. Foto oben) zu beobachten, kommt man ohne Fernglas aus. Sie sitzen auf ihren erhöhten Warten, auf Straßenschildern, der Hecke des Randkanals und auf Zaunpfählen, von wo sie Ausschau nach Beute halten. Immer wieder fliegen sie auf, rütteln in der Thermik über den Feldern, um dann blitzschnell auf den Boden zuzustürzen und Mäuse zu schlagen. Nördlich und südlich der Sinnersdorfer Straße lassen sich auch gut Starenschwärme am Himmel bewundern. In Scharen kommen die Tiere hier auf hohen Strommasten zusammen.

Lebensraum: Feldhasen gibt es in den Feldern um Worringen und Weiler, in der Wahner Heide und der südlichen Feldflur östlich von Zündorf (Stadtbezirk Porz).

JAGDFASAN

Wissenschaftliche Bezeichnung:
Phasianus colchicus

Erscheinung: Männchen und Weibchen des Fasans sind sehr unterschiedlich; Ersteres ist mit seinem gold-orangen Gefieder, den langen Schwanzfedern und dem blau schimmernden Kopf klar vom unscheinbaren grauen Weibchen zu unterscheiden. Charakteristisch für den Fasanenhahn sind die roten Bereiche um die gelben Augen und den hellen Schnabel.

Nahrung: Samen und Früchte

Wissenswertes: Der Fasan stammt ursprünglich aus dem asiatischen Raum und ist schon vor vielen Hundert Jahren zu Jagdzwecken in unseren Breiten ausgesetzt worden. Mittlerweile hat er sich an unser Klima angepasst und ist in der Lage, sich selbstständig zu vermehren. Die Hähne paaren sich im Frühjahr mit mehreren Hennen und sorgen so für ausreichend Nachwuchs. Das Nest baut das Weibchen in einer Bodenmulde.

Lebensraum: Der Fasan lebt in der offenen Landschaft, er braucht jedoch Hecken und Buschwerk, um ausreichend Schutz zu finden. Da geeignete Flächen immer mehr schwinden begrenzt sich auch das Vorkommen des Fasans. In Köln kann man ihn v.a. in der Worringer Feldflur, rund um die Baadenberger Senke und in den Rheinauen im Norden der Stadt beobachten. Auch in den Feldfluren im Süden Kölns gibt es noch stabile Populationen.

REHWILD – SCHEUE TIERE VOR DER KAMERA

REHWILD
··

Wissenschaftliche Bezeichnung:
Capreolus capreolus

Erscheinung: Das Reh wird etwa 80 cm hoch und bis zu 30 kg schwer. Die Böcke (männliche Tiere) tragen ein kleines Geweih. Das Sommerfell des Rehwilds ist rötlich braun, im Winter ist es grau-braun. Kitze (Jungtiere) haben in den ersten Lebensmonaten weiße Flecken auf dem braunen Fell.

Nahrung: Knospen, Trieben und Kräuter

Wissenswertes: Rehe sind überwiegend in der Dämmerung aktiv. Sie leben standorttreu und sind Kurzstreckenflüchter. Wenn Gefahr droht, laufen sie einige Meter weg und bleiben dann wieder stehen. Die Brunft (Paarung) der Rehe beginnt Mitte Juli und dauert bis in die erste Augusthälfte. Wenn im Mai und Juni der Nachwuchs zur Welt kommt, werden die Jungtiere im hohen Gras der Wiesen abgelegt. Da sie keinen Eigengeruch haben, sind sie für Fressfeinde kaum aufzuspüren. Im Winter schließen sich Rehe oft zu kleinen Gemeinschaften (Sprünge) zusammen.

Lebensraum: Rehe bevorzugen Wälder und angrenzende offene Landschaften. In Köln kommen sie in der Wahner Heide, im Worringer Bruch und in der Worringer Feldflur vor.

Die Idee: Rehwild vor menschengemachter Kulisse zu fotografieren. Die Worringer Feldflur ist wie gemacht, um das zu bewerkstelligen. Auf der einen Seite die Kühltürme der Kohlekraftwerke, auf der anderen die A57. Ein Sprung Feldrehe hält sich seit einiger Zeit in diesem Gebiet auf, von der Straße konnte ich sie aus dem Auto heraus schon einige Male mit dem Fernglas beim Äsen beobachten.

Still liegt die Landschaft in den frühen Morgenstunden am nördlichen Kölner Stadtrand. Nur hin und wieder wandern die Strahlen von Pkw-Scheinwerfern von der nahe gelegenen Autobahn über den Nachthimmel. Es ist früh, als ich aufbreche, um 4.30 Uhr habe ich mein heutiges Fotoversteck bezogen und warte auf das Morgengrauen. Noch ist Zeit für einige Nachtaufnahmen, der Mond scheint hell, ein paar Federwolken ziehen über den Himmel. In der Ferne schreit ein Kauz. Am Rande eines frisch gemähten Kornfeldes liege ich auf der Lauer. Bald kommt der Sonnenaufgang.

Unerreichbar für das Teleobjektiv stolziert eine „Kette" Rebhühner – so nennt der Jäger mehrere dieser Tiere – übers Feld. Auf dem Vollformat-Chip meiner Kamera hinterlassen sie konturlose braun-graue Pixel. Diese Fotos sind schon mal nicht zu gebrauchen.

Bis weit nach Sonnenaufgang tut sich nichts. Ich beschließe einen Standortwechsel, eher aus der Not und der Ungeduld heraus. Eigentlich sinnlos, jede Bewegung, jedes Geräusch erschreckt die Tiere. Man muss Durchhaltevermögen beweisen, wenn etwas in der Naturfotografie gelingen soll.

Das Resultat des stürmischen Aufbruchs sind zwei tief im Matsch festgefahrene Vorderreifen. Eine Stunde Arbeit kostet mich der Spaß, mit dem Wagenheber das Auto auf die Fußmatten zu hieven und wieder festen Boden unter die Reifen zu bekommen. Die

Fußmatten sind hin. Schwer genervt entscheide ich mich trotz allem für einen weiteren Versuch, wenn auch weit weniger zuversichtlich als noch vor ein paar Stunden. Geduld, das muss ich mir immer wieder ins Gedächtnis rufen, wird oft belohnt.

Im Hintergrund rauscht die Autobahn, um diese Zeit viel befahren, als eine Ricke mit ihrem Nachwuchs den Bildausschnitt meiner Kamera betritt. Endlich, nach unzähligen Morgen, hat es heute wirklich geklappt. Da ist sie wieder, die urbane Wildnis, hier treffen sich Mensch und Natur mitten in Köln. So schnell sie gekommen sind, so schnell sind sie auch wieder verschwunden, als ein älteres Ehepaar schlendernd über den Feldweg gelaufen kommt und die Tiere voller Panik die Flucht antreten.

TURMFALKE

Wissenschaftliche Bezeichnung:
Falco tinnunculus

Erscheinung: Beide Geschlechter sind etwa gleich groß und werden bis zu 38 cm lang. Ihre Flügelspannweite beträgt zwischen 60 und 80 cm. Die Oberseite des Vogels ist bräunlich mit schwarzen Flecken, die Brust heller und ebenfalls gefleckt. Das Männchen besitzt einen grauen Kopf und gräuliche Schwanzfedern. Die Greife sind bei beiden Geschlechtern gelb.

Nahrung: überwiegend Mäuse

Wissenswertes: Der Turmfalke ist die häufigste Falkenart im Stadtgebiet. Oft kann man die Tiere in der Luft „stehend" (rüttelnd) dabei beobachten, wenn sie über den Feldern nach Nahrung suchen. Ist ein Beutetier entdeckt, stürzen sie pfeilartig aus der Luft auf dieses zu. Turmfalken sind mit einem „UV-Blick" ausgerüstet, dadurch können sie Harnspuren von Mäusen auf dem Boden lokalisieren. Wo sich viele Harnspuren treffen, findet man Eingänge von Mäuse-Nestern. Dort lohnt es sich für den Falken, abzuwarten.

Lebensraum: In Köln ist der Turmfalke vielerorts zu beobachten: Entlang des Rheins, in den offenen Feldlandschaften im Norden und Süden, im Nüssenberger Busch (Stadtbezirk Ehrenfeld) und sogar im Innenstadtbereich brütet der Turmfalke in einigen Kirchtürmen.

REBHUHN

Wissenschaftliche Bezeichnung:
Perdix perdix

Erscheinung: Das Rebhuhn ist in seiner Grundfarbe grau. Schwanz und Kopfgefieder erscheinen bräunlich. Auch auf den Flügeln befinden sich braune Flecken. Es wirkt in seiner Gestalt gedrungen, was durch die kurzen Schwanzfedern noch verstärkt wird. Rebhühner haben einen kurzen, kräftigen Schnabel.

Nahrung: Knospen und Samen

Wissenswertes: Das Rebhuhn hält sich ausschließlich in der offenen Feldflur auf. Dort braucht es Remisen (Buschwerk zwischen den Feldern), um Deckung zu finden. Paare bleiben häufig ein Leben lang zusammen und bekommen im späten Frühjahr bis zu 20 Jungtiere, von denen jedoch nicht alle den Winter überleben.

Lebensraum: In Köln findet man Rebhühner in der Worringer Feldflur. Sie leben sehr heimlich. Um sie zu sehen, sollte man mit einem guten Fernglas und viel Geduld ausgerüstet sein.

FÜHLINGER SEE

Wenn es ein Naherholungsgebiet in Köln gibt, das wohl beinahe jedem Einwohner bekannt ist, dann ist es der Fühlinger See. Wobei die Einzahl gar nicht so ganz richtig ist. Rund um die Regattabahn liegen sieben kleinere und größere Seen, die zwar miteinander verbunden sind, von denen aber jeder für sich ein kleines Idyll darstellt. Zu Tausenden kommen die Städter an warmen Tagen hierher, schwimmen, grillen und lassen es sich auf den weitläufigen Wiesen um den

See gut gehen. Zu Zehntausenden strömen sie Anfang Juli zum größten Reggae-Festival Europas, zum Summerjam. Dann herrscht einmal im Jahr Ausnahmestimmung rund um den See. Wohin sich die heimische Tierwelt während dieser Zeit zurückzieht, kann man nur erahnen – von den tanzbaren, lauten Beats werden sie sich wohl nicht anstecken lassen.

Landschaftlich liegen die Seen sehr schön, ruhig ist es, nur die nahe gelegene Autobahn stört hin und wieder. Die Fordwerke ragen über den Gipfeln der Bäume in die Höhe, zerstören dabei aber nicht das Landschaftsbild. Am Ufer stehen weitläufig Laubbäume, die Äste zahlloser Arten ragen bis über die Wasseroberfläche. Bei so vielen Uferkilometern findet sich schnell ein Örtchen, das man ganz für sich alleine hat und an dem man an schönen Tagen der Sonne beim Auf- oder Untergehen zusehen kann.

Spannend und immens zahlreich vertreten ist die Welt der Wasservögel am Fühlinger See. Überall sieht man Enten, Schwäne und Blesshühner umherschwimmen, aber auch Lach- und Silbermöwen kommen auf der Suche nach Nahrung hierher. Im Vergleich zu den bereits erwähnten Lachmöwen ist die Silbermöwe ein Gigant. Durch ihre Größe und ihren kräftigen gelben Schnabel sticht sie aus dem Pulk der anderen heraus. Sie ist bei Weitem nicht so häufig im Stadtgebiet anzutreffen wie ihre kleinere Verwandte.

Wer Tiere am See beobachten möchte, der sollte sich ein ruhiges Plätzchen suchen und abwarten, was auf dem Wasser vor einem so passiert. Meist dauert es nicht lange, bis ein Kormoran knapp über dem Wasser dahergeflogen kommt und im See nach Fischen taucht. Haubentaucher bleiben bei der Nahrungssuche eine gefühlte Ewigkeit unter Wasser, während ihr Nachwuchs an der Oberfläche spielt. Auch sie lernen schnell, wie der ersehnte Fisch erbeutet wird. Am größten der Seen finden sich häufig Grau- und Kanadagänse, auch Nilgänse haben das Gebiet für sich beansprucht. Während die einen ihre Zeit auf dem Wasser verbringen, bevölkern Finken, Elstern und Krähen die Wiesen. Unter Wasser ist ebenfalls kräftig was los, allerdings sieht man leider mit bloßem Auge wenig von den meisten Fischen. Hin und wieder kann man bei klarem Wasser kleine Hechte erkennen, die bis ans Ufer kommen, und von den Brücken lassen sich die schwarz-grau gestreiften Flussbarsche erspähen.

Wer ohne viel Trubel die Natur am Fühlinger genießen will, der sollte allerdings wochentags am frühen Morgen kommen, denn an warmen Nachmittagen und den Wochenenden herrscht hier Hochbetrieb. Dennoch: Ein Besuch lohnt sich in jedem Fall.

FAMILIENTIPP

Für Kinder ist der Fühlinger See ein echtes Erlebnis. Die Ufer sind größtenteils flach, so können die Pänz alleine das nasse Element sowie die Ufer erkunden. Es gibt eine gute Infrastruktur, Kiosk und Toiletten sind in unmittelbarer Nähe. Wer seine Kids für die Natur sensibilisieren will, der verspricht demjenigen ein Eis, der als Erstes den Schwarzen Schwan (Trauerschwan) entdeckt.

NATURSCHUTZGEBIET WORRINGER BRUCH

Wie ein Hufeisen umschließt Wald die Getreidefelder im Naturschutzgebiet.
Mit seinen 164 Hektar Fläche zählt der Worringer Bruch zu einem der größten
geschützten Gebiete auf Kölner Boden. Von der Bruchstraße führt der Senfweg
einmal quer hindurch. Links und rechts des Weges liegen zwei traumhafte Seen
idyllisch zwischen Weiden und Pappeln. Nur von oben sieht man, wie offen der
Wald tatsächlich ist. Aus der Nähe betrachtet bietet er hingegen an vielen Stellen
einen undurchdringlichen Dschungel.

Verlässt man den Wald auf dem Senfweg, öffnet sich vor den Augen des Be-
trachters eine offene, weitläufige Kulturlandschaft auf der, abhängig von der
Jahreszeit, Getreide, Zuckerrüben und Mais wachsen. Fast immer kreisen Greifvögel am Himmel über der Feldflur. Wer sich weit ins Innere des Gebiets begibt,
hört kaum noch Verkehr und Straßenlärm. Kleine Wege führen entlang der Felder, entlang des Waldrands und durch diesen hindurch. Vorbei an Apfelbäumen,
die im Herbst schwer Früchte tragen, und an Kornblumen und Mohn kann man
viele Kilometer weit spazieren.

Der Worringer Bruch kann mit wirklich außergewöhnlichen Tieren auftrumpfen.
Neben den „üblichen Verdächtigen" an Wasservögeln trifft man immer wieder
auf die seltene Rostgans, die auf Baumstämmen im See eine Rast macht. Im

ROSTGANS

....

Wissenschaftliche Bezeichnung:
Tadorna ferruginea

Erscheinung: Sowohl Ober- als auch Unterseite der Rostgans schimmern, wie der Name schon sagt, rostbraun. Ihre Flügel sind schwarz-weiß, der Kopf ist blassgelb und der Stoß schwarz. Im Prachtkleid sind die etwas größeren Männchen durch ein schmales schwarzes Halsband von den zierlicheren Weibchen zu unterscheiden.

Nahrung: Sämereien, Gräser, Kleinsttiere

Wissenswertes: Ursprüngliche Heimat der Rostgans ist Zentralasien. Als Neozoon ist sie mittlerweile auch in Köln angekommen. In der Niederrheinischen Bucht gibt es die größte Rostgans-Population in Deutschland. Um 2008 herum gab es laut Schätzungen etwa 100 Brutpaare am Niederrhein. Rostgänse sind sehr anpassungsfähig und brüten sowohl in Nestern in Bäumen als auch am Boden.

Lebensraum: In Köln kann man Rostgänse auf den Seen des Worringer Bruchs finden, manchmal hält sich ein Paar in der Worringer Feldflur auf.

Wald sieht man mit etwas Glück Hirschkäfer krabbeln und über allem liegt der ungewöhnlich schöne Gesang des Pirols, der hoch in den Kronen der Bäume ein verstecktes Leben führt. Im späten Frühjahr kann man keinen einzigen Schritt auf den Senfweg machen, ohne dass die jungen Erdkröten vor den Füßen des Spaziergängers auseinanderstieben. Feldlerchen schwirren auf, wenn man ihnen zu nahe kommt, Misteldrosseln verstecken sich zwischen den Rüben.

Wer sich für einen der wenigen kleinen Wege im Wald entscheidet, kann sogar auf ein Reh treffen. Dazu muss man jedoch mucksmäuschenstill im Schneckentempo die Wege entlangschleichen. Und trotz all des Engagements: Meist nehmen die Tiere uns doch eher wahr, als wir sie, und so kommt es nur zu zufälligen, kurzen Begegnungen, wenn Rehwild über die Wege wechselt oder im Busch verschwindet. Der Reiz eines Besuchs im Naturschutzgebiet liegt auch darin, dass es zu jeder Tageszeit wenig frequentiert ist. Wer mit offenen Augen durch die Natur geht, wird von dieser mit kleinen und großen Besonderheiten belohnt.

NATURSCHUTZGEBIET AN DER ZIEGELEI

Das frühere Gelände der alten Ziegelei südöstlich des Worringer Bruchs ist heute ein 20 Hektar großes Naturschutzgebiet, genannt „An der Ziegelei". Wer am Modellflugplatz seinen Weg beginnt, wird von altem Pappelbestand begrüßt. Auf den ersten Blick wirkt das Gebiet sehr monoton und langweilig. Die hochhaushohen Hybridpappeln stehen dicht gedrängt und lassen kaum Raum für andere Arten. Ähnlich wie schon im Worringer Bruch ist eines aber außergewöhnlich: Obwohl das Naturschutzgebiet frei zugänglich ist, trifft man hier nur selten andere Spaziergänger. Im Wind rauschen die Blätter der Pappeln und vermitteln Besuchern das Gefühl, in der Nähe eines stark fließenden Bachs zu sein. Eine undurchdring-

liche Decke aus Brombeeren liegt über dem Waldboden, aus der an vielen Stellen Totholz herausragt. Nur an den Außenrändern des Naturschutzgebietes ist Platz für einige andere Baumarten. Mal ist es eine Eiche, mal eine Rosskastanie, die sich zwischen den dominierenden Pappeln einen Platz ergattern konnte.

Auf den ersten Blick wird nicht so schnell deutlich, welche Tiere oder Pflanzen hier unter Schutz gestellt werden sollen. Wenn jedoch der Ruf des Kuckucks, der Nachtigall oder des Mäusebussards (s. Foto links) ertönt, erklärt sich von selbst, dass der Naturschutzstatus dem Erhalt und der Optimierung deren Lebensraums gilt. Nicht einmal eine Stunde dauert ein Fußmarsch rund um das Gebiet. Was in den Tiefen des Waldes verborgen ist, lässt sich nur erahnen, denn lediglich ein einzelner, schmaler Pfad führt durch das gesamte Areal. An seiner Nordseite bildet ein Feldweg die Grenze zur benachbarten Ackerfläche. Hier verraten mehrere Kanzeln (Hochsitze), dass im dichten Wald Wildtiere zu Hause sind.

Die Tierwelt, die man ohne Mühe zu Gesicht bekommt, besteht im Naturschutzgebiet aber eher aus unscheinbaren Arten: Nacktschnecken kreuzen die Feldwege, das Waldbrettspiel flattert von Blüte zu Blüte und der Zaunkönig trällert aus dem Gebüsch seine Melodien. Blau-schwarze Federn am Wegesrand verraten den Eichelhäher, auf erhöhten Stellen findet man mitunter Fuchslosung (Fuchskot) und auf den frisch gepflügten Feldern begegnen dem aufmerksam Schauenden sogar Rehfährten.

Wer sich Zeit nimmt, sich in sicherer Entfernung an einen Stoß gefällter Bäume zu setzen, der wird früher oder später mit dem Anblick der Waldmaus belohnt werden, die unter dem Holz verborgen lebt. Rundherum schimmern im Sonnenlicht Spinnennetze in schillernden Farben.

TIPP

Natur erleben

Wirklich interessant wird das Naturschutzgebiet An der Ziegelei in der Dämmerung. Am späten Abend oder am frühen Morgen verlassen die Säugetiere den Schutz des Waldes. Dann kann man Rehwild oder Hasen dabei beobachten, wie sie auf den freien Flächen nach Kräutern, Knospen und Gräsern suchen. Wenn die Sonne langsam unter- oder aufgeht, ertönen auch die charakteristischen Töne von Nachtigall und Kuckuck, denen das Gebiet den Status als Naturschutzgebiet verdankt.

NIPPES

DER STADTBEZIRK NIPPES

Der Stadtbezirk Nippes zählt mit seinen sieben Veedeln auf einer Fläche von rund 32 Quadratkilometern zu den kleineren Bezirken Kölns. Für seine Größe ist er ziemlich dicht besiedelt, was aber nicht heißt, dass es hier nicht jede Menge Natur zu erleben gäbe. Im Bezirk liegen viele vereinzelte Parks, von denen der Blücherpark sicherlich der beliebteste ist. Aber auch die weit über die Grenzen Kölns bekannte Flora mit dem Botanischen Garten und der Kölner Zoo befinden sich im Bezirk Nippes. Und überall, wo Grün ist, sind auch sie: Brombeeren. Sie sind vielleicht nicht unbedingt das attraktivste Stückchen Natur, das Nippes zu bieten hat, sicher jedoch eines der schmackhaftesten. Auf der Etzelstraße hängen sie über die Mauer, die die Bahngleise von der Straße trennen. Im August sind es so viele Beeren, dass man locker das ganze Veedel damit verköstigen könnte. Damit der Besonderheiten nicht genug: Nippes kann sich mit einem wunderschönen Naturschutzgebiet brüsten, hier wohnen Meisen in Ampeln und in Niehl hat einer der schnellsten Vögel des Tierreichs seine städtische Heimat gefunden.

KAMMMOLCH

Wissenschaftliche Bezeichnung:
Triturus cristatus

Erscheinung: Der Kammmolch ist der größte heimische Molch und wird bis zu 18 cm lang. Seine Oberseite ist dunkelgrau bis schwarz, die Unterseite gelb-orange mit schwarzen Punkten. Die Männchen tragen einen großen Rückenkamm, der sich am Schwanz fortsetzt. Dieser ist zudem von einem silbrigen Band gekennzeichnet.

Nahrung: Insekten und deren Larven, auch Regenwürmer

Wissenswertes: Der Kammmolch ist sehr selten geworden und steht auf der Roten Liste der bedrohten Arten. Er benötigt fischarme Gewässer mit vielen Wasserpflanzen, an denen die Weibchen Hunderte Eier ablegen.

Lebensraum: In Köln kann man den Kammmolch z.B. im Naturschutzgebiet Am Ginsterpfad und im Naturschutzgebiet Worringer Bruch (Stadtbezirk Chorweiler) beobachten.

NATURSCHUTZGEBIET AM GINSTERPFAD

Mitten im Stadtteil Weidenpesch liegt das Naturschutzgebiet Ginsterpfad zwischen Verschiebebahnhof, Nordfriedhof und der gleichnamigen Straße. In einer Senke, aus der in vergangenen Tagen Kies ausgehoben wurde, befinden sich heute drei wunderschöne, glasklare Seen: Außergewöhnliche Schönheit und die Einzigartigkeit der Natur sind hier unter Schutz gestellt. Baumriesen umrahmen vielerorts das große Areal, das seinen Namen nicht umsonst trägt, denn Ginster und anderes Buschwerk gedeihen wahrlich im Überfluss. Es herrscht, untypisch in Reichweite eines so eng besiedelten Gebiets, eine Artenvielfalt, die ihresgleichen sucht: Wasservögel, Bodenbrüter, Durchzügler und viele bedrohte Amphibien wie der selten gewordene Kammmolch finden im Naturschutzgebiet einen geschützten Lebensraum. Störend sind nur die Scharen von Badegästen, die von den Seen angezogen werden – sehr zum Unmut der Naturschützer und der Stadt, die es lieber hätten, wenn sich alle daran halten würden, dass hier gilt: „Betreten verboten". Wer dies tut, verpasst im Übrigen nichts, denn auch von der am Hang gelegenen Aussichtsplattform hat man einen grandiosen Blick über diese Kölner Seenplatte.

Am Boden wechseln sich dichte Schilfgürtel mit offenen Flächen ab. Wenn am Abend die Sonne tief über der Landschaft steht, wirkt diese surreal und eher afrikanisch als kölsch. Obwohl das Gebiet nur 22 Hektar umfasst, hat man das Gefühl, fernab jeglicher Urbanität zu sein. Kaum ein See im Stadtgebiet kann mit solch klaren Wassern aufwarten, kaum ein Schutzgebiet in Zentrumsnähe wirkt so idyllisch wie der Ginsterpfad. In den seichten Seen laichen Molche und sogar die seltene Wechselkröte. Graureiher und Kormorane rasten und brüten hier in größeren Kolonien, Kanadagänse haben den größten der drei Seen für sich in Anspruch genommen. Das Schönste am Naturschutzgebiet ist die Ruhe, die man hier erfährt. Kein städtischer Laut dringt bis hierher vor. Und damit dies so bleibt, sei hier nochmals daran erinnert, dass man das Gebiet nur mit dem Feldstecher von der Aussichtsplattform erkunden sollte, um die seltene Tierwelt nicht zu stören.

BLÜCHERPARK

Streng symmetrisch ist man zu Beginn des 20. Jahrhunderts darangegangen, den Blücherpark anzulegen, wobei man sich an höfischen Gärten der Barockzeit orientierte. Eigentlich ist seine Lage denkbar unattraktiv: Eingekeilt zwischen der A57, dem Parkgürtel und der Escher Straße liegt er zwar an zentraler Stelle, dafür aber inmitten viel befahrener Straßen, Schienen und der Autobahn. Das hindert die Nippeser und Ehrenfelder aber nicht daran, den Park ausgiebig zu nutzen. Bei der Auswahl der Bepflanzung haben die Gestalter des Parks mit Platanen, Linden und Rosskastanien eine gute Wahl getroffen. Die vor rund einem Jahrhundert gepflanzten Bäume haben es inzwischen zu stattlichen Ausmaßen gebracht. Die beiden riesigen Buchen neben den Wasserspielen an dessen Südseite wirken mit ihren bis zum Boden überhängenden Zweigen verwunschen und naturbelassen. Sie sind von der Symmetrie der Umgebung verschont geblieben und dürfen gedeihen, wie es ihnen gefällt.

Der Kahnweiher mitten im Park wirkt mit seiner rechteckigen, einbetonierten Form und der Wasserfontäne etwas trostlos. Die große Wiese im nördlichen Teil des Blücherparks dient vor allem sportlichen Aktivitäten und Familien, die hier sonnige Tage genießen. Doch alle Winkel der Grünfläche stecken voller Leben, wenn man sich die Zeit nimmt, zur richtigen Tageszeit genauer hinzuschauen. Früh am Morgen, die Sonne steht noch tief hinter den großen Linden östlich des Weihers, kann man Fischreiher beobachten, wie sie am Ufer das Wasser beäugen. Teichhühner sind ebenfalls vertreten, von den viel häufiger vorkommenden Blesshühnern sind sie gut durch ihre roten Schnäbel zu unterscheiden.

TEICHHUHN

Wissenschaftliche Bezeichnung:
Gallinula chloropus

Erscheinung: Das Teichhuhn ist gut tau-
bengroß, auf der Oberseite dunkelbraun bis
schwarz, die Unterseite ist schwarz. Ober-
und Unterseite werden durch ein weißes
Band unterbrochen. Charakteristisch ist
der rote Schnabel mit der gelben Spitze.
Die Beine sind grünlich gelb, zwischen den
Zehen besitzen sie keine Schwimmflossen.

Nahrung: Kleintiere und Insekten, Wasserpflanzen und Sämereien

Wissenswertes: Durch seine langen Zehen
kann das Teichhuhn auf schwimmenden
Pflanzen laufen. Es hält sich oft versteckt
im Schilf auf und erbrütet zwischen April
und August fünf bis elf Jungtiere.

Lebensraum: Teichhühner kommen an vielen Weihern im Stadtgebiet, im Blücherpark
und im Volksgarten vor.

GRAUREIHER

Wissenschaftliche Bezeichnung:
Ardea cinerea

Erscheinung: Mit seinen fast 2 m Spannweite ist der graue „Fischreiher", wie er
auch genannt wird, wahrlich schwer zu ver-
wechseln. Seine Oberseite ist dunkler als die
Brust, der lange Hals ist s-förmig gebogen.
Er hat einen kräftigen gelben Schnabel.

Nahrung: überwiegend Fisch, auch Frösche
und Mäuse, die er auf Wiesen jagt

Wissenswertes: Besonders beeindruckend
ist es, einem Graureiher bei der Jagd
zuzusehen. Wenn er ein Beutetier entdeckt hat, stoppt er seinen stolzierenden
Schritt, verharrt bewegungslos, um im
richtigen Moment blitzschnell mit seinem
kräftigen Schnabel danach zu stoßen. Der
Graureiher ist ein Koloniebrüter. Brütende
Reiher sind im Stadtgebiet jedoch selten
anzutreffen (z.B. am Langeler Dorfteich/
rechtsrheinisch und der Baadenberger
Senke/Pescher See). Bis zu fünf Jungtiere
werden zwischen März und August von
beiden Eltern großgezogen.

Lebensraum: Der Graureiher ist an nahezu
allen Gewässern in Köln anzutreffen.

Nach feuchten Nächten liegt eine dünne Nebelschicht auf dem Wasser. Mit
den langen Schatten der Morgensonne verleiht sie dem Ort etwas Mystisches.
Stockenten sind um diese Zeit zu Dutzenden auf dem See unterwegs, das
Schwanenpaar, das schon seit vielen Jahren auf dem See brütet, ist im Frühjahr mit seinen Jungen im Schlepptau auf Nahrungssuche. Auch ein Kormoran
kommt regelmäßig an den Tümpel, um Fische zu jagen. Aus der Baumreihe
zwischen dem großen Spielplatz und dem Weiher ertönen die lauten Rufe des
Mäusebussards. Seit mehreren Jahren brütet ein Pärchen in diesem Baum-
streifen, unweit der vereinzelt stehenden Nadelbäume am tiefer gelegenen
Asche-Fußballplatz. Im Winter kann man den riesigen Horst in den Baumkronen erspähen.

Bei Sonnenuntergang, wenn sich hinter dem Weiher der Himmel in zartes Orange verfärbt, hat der See etwas Anmutiges. Wie alle Gewässer im Kölner Stadtgebiet ist auch der Kahnweiher des Blücherparks Heimat zahlloser Schildkröten geworden. Überall am Ufer des Sees sieht man im Sommer ihre Köpfe aus dem Wasser auftauchen. Die hölzernen Entenleitern funktionieren die Exoten kurzerhand zur Sonnenliege um.

Besonders schön ist der Herbst im Blücherpark. Wenn die Bäume langsam ihr grünes gegen ein goldgelbes Kleid eintauschen und sich die Linden im Weiher spiegeln, erinnert nicht mal das Rauschen der A57 daran, dass man mitten in der Stadt ist.

ROTWANGEN-SCHMUCKSCHILDKRÖTE

Wissenschaftliche Bezeichnung:
Trachemys scripta elegans

Erscheinung: Die Rotwangenschildkröte wird bis zu 30 cm lang. Ihr Panzer ist oliv bis grau gefärbt, teilweise weisen die Tiere gelbliche Linien und Flecken auf. Charakteristisch sind die gelben Streifen im Gesicht sowie die gelben Augen. Ihren Namen verdankt die Schildkröte dem deutlich rot abgesetzten Bereich hinter dem Auge.

Nahrung: Fische und Amphibien, sowie deren Laich

Wissenswertes: Schildkröten sind ans Wasser gebunden. Sie leben v.a. in stillen Tümpeln, wie sie in Köln zahlreich vorhanden sind. Sie sonnen sich gerne mit mehreren Tieren dicht gedrängt am Ufer. Im Wasser sieht man häufig nur ihre Köpfe über die Wasseroberfläche hinausragen.

Lebensraum: Ursprünglich stammen Rotwangen-Schmuckschildkröten aus Nordamerika. In vielen städtischen Seen sind sie jedoch inzwischen zu Hause, da sie häufig von gewissenlosen Tierhaltern ausgesetzt worden sind. Ob sich die frei gelassenen Tiere hier vermehren, ist noch nicht eindeutig bewiesen. Große Populationen gibt es im Volksgarten (Stadtbezirk Innenstadt) und im Blücherpark. Aber auch im Rautenstrauch Kanal (Stadtbezirk Lindenthal) und am Aachener Weiher (Stadtbezirk Innenstadt) kann man sie mittlerweile beobachten.

Natur erleben

Wer der heimischen Tierwelt in Nippes ganz nah sein will, ist im Frühjahr während der Brutzeit im Blücherpark gut aufgehoben. An der Nordseite des Weihers brütet ein Schwanenpaar seinen Nachwuchs aus. Zwischen Schilf und Betonfassade bauen die Schwäne alljährlich ein großes Nest aus Grünpflanzen. Keine zwei Meter davon entfernt kann man vom Weg aus dabei zusehen, wie sie auf ihren Eiern hocken und später die geschlüpften Jungen aufziehen. Mittlerweile wird das Nest im Frühjahr durch einen Sichtschutz vor allzu aufdringlichen Besuchern abgeschirmt. Der Zaun hindert aber nicht an der seitlichen Einsicht. Um gut beobachten zu können, sollte man ruhig, langsam und mit unauffälliger Kleidung (weiße Sachen eignen sich in keinem Fall zum Tierebeobachten) an einem Ort still stehen, dessen Abstand der Schwan toleriert. Kommt man ihm zu nah, wird er dies sehr deutlich durch Fauchen äußern. Am besten bezieht man erhöht auf dem angrenzenden Podest Stellung. Von hier kann man ungehindert ins Nest blicken und staunen, wie wenig sich die Schwäne von rücksichtsvollen Menschen beunruhigen lassen.

NIPPESER TÄLCHEN, NORDPARK UND JOHANNES-GIESBERTS-PARK

Neben so artenreichen und schönen Gebieten wie den zuvor beschriebenen wirken andere Grünflächen im Stadtbezirk eher langweilig. Dennoch: Auch im Nippeser Tälchen, im Nordpark und im Johannes-Giesberts-Park kommen Naturliebhaber auf ihre Kosten. Exotische Arten lassen sich jedoch nur schwer erspähen. Das Ausgefallenste, was diese Grünflächen zu bieten haben, sind Wildkaninchen, Halsbandsittiche und jede Menge Singvögel. Vor allem am Morgen kann man auf den weiten Flächen hinter dem Kinderkrankenhaus die Halsbandsittiche beobachten, wie sie in Scharen auf den Wipfeln der Bäume landen und im Tiefflug über die Wiesen streichen. Hier lohnt ein Spaziergang mit offenen Augen und Ohren, um vielleicht das ein oder andere Eichhörnchen zu entdecken oder Krähen und Elstern bei der Nahrungssuche zuzuschauen.

In allen klassischen Kölner Parkanlagen kann man den typischen tierischen Bewohnern der Großstadt Aufmerksamkeit schenken. Sei es der Specht, die Drossel oder das Eichhörnchen. In jedem Fall lohnt es, sich Zeit zu nehmen, um dem tierischen Treiben zuzusehen. Auch wenn die Parks keine spektakuläre Natur bieten, schön ist vor allem, dass es diese Grünflächen mitten im Stadtgebiet überhaupt noch gibt. Es stellt sich jedoch die Frage, wie lange das noch so bleibt. Mit der Bebauung des Geländes der Clouth-Werke wird man wohl auch beim Johannes-Giesberts-Park Abstriche machen müssen. Und für das Nippeser Tälchen gibt es bereits Pläne für eine Schule.

TIPP

Natur erleben

Fährt man von Ehrenfeld auf der Liebigstraße gen Nippes, stößt man gleich hinter dem S-Bahnhof links auf einen kleinen Grünstreifen. Hier stehen einige Pappeln, die im Frühjahr ihre Umgebung in ein weißes Kleid hüllen. Wie eine flauschige Decke liegen die Samen auf der Wiese, nur der Löwenzahn schaut mit seinen gelben Blüten noch daraus hervor. Während man unter den Bäumen diese kleine gelb-weiße Landschaft genießen kann, sitzen in den Wipfeln über einem die Halsbandsittiche und fressen die Samen der Pappeln.

BLAUMEISE

....

Wissenschaftliche Bezeichnung:
Parus caeruleus

Erscheinung: Die Blaumeise verdankt ihren Namen der deutlichen blauen Färbung von Schwanz und Flügeln sowie ihrer blauen Haube. Ihr Rücken ist grün, die Bauchseite gelb, das Gesicht ist weiß mit einer schwarzen Augenbinde.

Nahrung: Sämereien und Insekten, der Nachwuchs wird mit Insekten gefüttert

Wissenswertes: Auf der Suche nach Nahrung turnt die Blaumeise geschickt selbst in dünnsten Zweigen. Im Winter statten ganze Schwärme Futterhäuschen einen Besuch ab. Der Vogel brütet im Frühjahr und legt bis zu 13 Eier.

Lebensraum: Die Blaumeise ist ein typischer Vogel unserer Breiten, der gerne Nistkästen für sich in Anspruch nimmt. Sie ist überall im Stadtgebiet vertreten und eine der häufigsten Arten. Sie fühlt sich auch in Ritzen und Löchern von Gemäuern oder Ampeln wohl.

AMPELMEISEN – NATUR UND STADT AUF TUCHFÜHLUNG

Wo Wohnraum schon für Menschen knapp ist, müssen auch die Tiere zusehen, dass sie ein alternatives Zuhause finden. Denn natürliche Höhlen und Nischen gibt es nicht in ausreichender Zahl. In Nippes sind viele Ampeln nicht nur für den Straßenverkehr von Bedeutung, auch haben es sich Blaumeisen in ihren Pfeilern gemütlich gemacht: in kleinen Löchern, die der Befestigung weiterer Lichtanlagen dienen und die gerade groß genug sind, um dem Vogel Einlass zu gewähren. Darin brüten sie in aller Ruhe unmittelbar neben dem nicht enden wollenden Autostrom ihren Nachwuchs aus und verlassen am Ende der Brutzeit mit acht bis zwölf Jungvögeln die Ampel. Neben den Füchsen ist die Ampelmeise eines der besten Beispiele dafür, wie gut sich Tiere der vom Menschen veränderten Umwelt anpassen. Die meisten Stadttiere kommen offenbar bestens mit den fremden Bedingungen klar. Weit besser jedenfalls, als dies umgekehrt der Fall wäre. Wer könnte sich schon aus Stämmen und Zweigen eine Schlafmöglichkeit in der Natur schaffen?

Die Ampelmeisen haben sich längst an den Verkehr, vorbeisausende Radfahrer und vorübereilende Passanten gewöhnt. Vorausgesetzt man findet eine der zahlreichen piepsenden Ampeln, sind sie ein dankbares Fotomotiv. Wenn eine Ampel auf etwa zwei Metern Höhe gegenüber der Lichtanlage ein Loch mit einem Durchmesser von circa drei bis vier Zentimeter hat, ist das ein viel versprechendes Zeichen. Im April heißt es dann nur noch schauen, ob eine Meise hineingeflogen kommt oder ob man die Jungvögel aus der Ampel heraus piepen hört. Wenn dies der Fall ist, hat man die Garantie, kurze Zeit später im 5-Minuten-Rhythmus beide Eltern beim Anfliegen des Nestes beobachten zu können. Mit sehr kurzen Verschlusszeiten und geschlossener Blende (das ermöglicht viel Tiefenschärfe) stellt man die Kamera in vier bis fünf Metern Entfernung aufs Stativ und wartet auf die nahenden Eltern. Sieht man sie aus den Augenwinkeln kommen, kann man schon beginnen, den Auslöser zu betätigen. Nicht immer wird das erfolgreich sein, mal ist man zu früh, mal zu spät, aber mit ein bisschen Übung landet man irgendwann einen Volltreffer.

LONGERICHER WÄLDCHEN

Im nördlichen Bereich des Bezirks Nippes liegt zwischen der A1, dem Militärring und der Neusser Landstraße ein grünes Dreieck, das eine abwechslungsreiche Landschaft bietet. Wald und junge Aufforstungsflächen weichen an einigen Stellen offenen Feldern und naturnahen Wiesen. Hier gedeihen Wiesenklee, Hagebutte, Schafgarbe und Mohn. Der Wald wirkt ursprünglich, auf dem Boden liegt Totholz. Linden, Ahorn, Buchen und Eichen stehen dicht an dicht und lassen nur wenig Licht zum Boden durch. Einige Schritte weiter weicht der Bewuchs im Sommer Maisfeldern. In unmittelbarer Nachbarschaft stehen junge Bäume auf weiten Flächen und warten darauf, so groß wie ihre Nachbarn zu werden.

Gegenüber der Esso-Tankstelle an der Neusser Landstraße führt ein Weg durch einen schmalen Waldstreifen auf die große offene Kuppe. Auf dem Weg passiert man zur Rechten einige Bienenstöcke, deren Bewohner auf den umliegenden Flächen Nektar sammeln. Von hier hat man am Abend einen wunderbaren Ausblick gen Westen und die untergehende Sonne. Auf der offenen Fläche ist ein Feuchtbiotop angelegt, das so seltenen Arten wie Hornissen und Wechselkröten einen letzten Rückzugsraum ermöglicht. Die Wald- und Wegesränder sind von Haselnuss, Flieder, Holunder und Brombeere gesäumt. Aus den Wipfeln der alten Bäume hört man das Trommeln von Spechten sowie den Gesang von Kleibern und vielen anderen Arten. Hin und wieder erspäht man Mäusebussarde, die sich mit der Thermik hoch in den Himmel schrauben. Die Struktur der Landschaft ist anderen offenen Flächen in den Randgebieten der Stadt sehr ähnlich, wer genau hinguckt, kann vor allem in die makroskopische Welt der Natur eintauchen. Mit wenig Mühe lassen sich Käfer, Grashüpfer und andere Insektenarten mit bloßem Auge auf den hohen Gräsern beobachten.

FLORA UND BOTANISCHER GARTEN

Wer auch von Menschenhand geformte Natur mag, ist in den schönen Anlagen der Flora mit dem Botanischen Garten an der richtigen Adresse. Noch vor 200 Jahren spazierte man gar nicht im Bezirk Nippes, wollte man einen Nachmittag in der Flora verbringen. Bis 1857 lag die Flora, damals unter dem Namen „Botanischer Garten am Dom" bekannt, zu Füßen der Kölner Kathedrale: Unmittelbar dort, wo nun der Hauptbahnhof ist, gab es eine große Parkanlage, die leider dem Bau des Bahnhofs weichen musste. Was wäre das heute für ein Segen, würde ein großer Park den Vorplatz des Doms schmücken.

Auf dem heutigen 11,5 Hektar großen Gelände wachsen an die 10 000 Pflanzenarten aus aller Welt und machen die Flora damit zum größten und buntesten Garten ganz Kölns. Am Wochenende muss man sich diesen Ort mit unzähligen Ausflüglern und Touristen teilen. In der Woche kann man am Morgen die Gärten ungestörter besuchen und mit etwas Glück auch Eichhörnchen, Fischreiher und Frösche im kleinen Wasserbecken beobachten. Halsbandsittiche gehören zur obligatorischen Ausstattung jedes schmucken Gartens in Köln. Der Eingang der Flora lädt nun wieder mit renoviertem historischem Hauptgebäude und dem streng geometrischen Garten inklusive Wasserspielen ein. Natürlicher geht es im hinteren Teil der Anlage zu, wo die Beete nicht ganz so begradigt sind und der Tümpel mit seinen Unmengen an Seerosen einen naturbelasseneren Eindruck vermittelt.

FAMILIENTIPP

In Riehl liegt in unmittelbarer Nachbarschaft zur Flora der weithin bekannte Kölner Zoo, in dem man Natur mit Abstrichen genießen kann. Der Schwerpunkt liegt hier nicht auf der heimischen Tierwelt – auch wenn sich einmal mehr Halsbandsittiche und ihre größeren Verwandten, die Alexandersittiche, beobachten lassen – und frei lebende Tiere trifft man ebenfalls nicht an. Nur der Fischreiher (s. Foto links) kommt zum Abstauben einiger Fische zur Seehund- und Pinguinfütterung. Ganz selten sieht man an einer der zahlreichen Wasserstellen sogar einen Eisvogel. Dennoch seien dem Tierpark einige lobende Worte gewidmet. Nach vielen Umbaumaßnahmen gibt es nun wunderschöne Gehege für Elefanten, Nilpferde und Affen. Seit kürzester Zeit sind auch heimische Nutztiere in Form eines Bauernhofes im Zoo zu Hause. Größtenteils sind die Gehege des Zoos sehr schön und weitläufig gestaltet. Vor allem eignet sich ein Besuch im Zoo, um den Pänz die Wildnis der weiten Welt näherzubringen. Zumal man für jeden Neubürger Kölns eine einjährige Dauerkarte mit der KIWI (Kinder Willkommen) Tasche geschenkt bekommt.

WANDERFALKE

....

Wissenschaftliche Bezeichnung:
Falco peregrinus

Erscheinung: Die Spannweite liegt beim Wanderfalken je nach Geschlecht zwischen 90 und 110 cm. Damit ist er der größte heimische Falke. Seine Oberseite ist durch grau-schwarze Federn gekennzeichnet, die Unterseite ist heller mit schwarzen Querbinden. Sein Kopfgefieder zieren eine schwarze Haube und dunkle Backen, die mit sehr hellen bis weißen Halsbereichen kontrastieren. Schnabel, Greife und der Bereich um die schwarzen Augen sind gelb.

Nahrung: Vögel, z.B. Halsbandsittiche, Drosseln und Tauben

Wissenswertes: Der Greifvogel zählt zu den schnellsten Jägern im Tierreich. In der Schweiz sind beim Sturzflug des Wanderfalken Spitzengeschwindigkeiten von 186 km/h gemessen worden. Der Bestand erholt sich in Deutschland seit den 1970er-Jahren wieder deutlich. Das Weibchen brütet an Felswänden und hohen Bauwerken (Brückenpfeiler, Industrieschornsteine) einmal jährlich drei bis vier Jungtiere, die nach etwa 40 Tagen das Nest verlassen. Seinen Namen verdankt der Vogel dem weiten Flug, den z.B. die Jungvögel auf der Suche nach einem geeigneten Territorium zurücklegen, sowie den weiten Strecken, die die Tiere zwischen den Sommer- und Winterquartieren zurücklegen.

Lebensraum: In Köln kann man ihn von der Straße Am Molenkopf aus beobachten, wo er auf dem Heizkraftwerk Niehl seinen Nachwuchs erbrütet.

WANDERFALKEN – ÜBER DEN DÄCHERN DER DOMSTADT

Es erscheint wie ein kleines Wunder, dass über den Dächern von Niehl der schnellste Vogel des Tierreiches nach Beute jagt. In den 1960er- und 1970er-Jahren galt der Wanderfalke in den meisten Gebieten der Bundesrepublik beinahe als ausgestorben. Zu sehr hatte er unter Umweltgiften wie dem Insektizid DDT (Dichlor diphenyltrichlorethan), womit er über Beutetiere in Kontakt kam, und dem Raub von Eiern gelitten. Dass der Greifvogel heute wieder in die Domstadt zurückgekehrt ist, verdankt er auch dem jahrzehntelangen Bemühen von Dr. Peter Wegner, der in Fachkreisen als der „Wanderfalkenpapst" bekannt ist. Seit den 1970er-Jahren beschäftigt er sich mit den Tieren. Durch unzählige Publikationen, Beobachtungen und Überwachung der Vögel durch Ringe an den Greifen ist es ihm und dem Team der Arbeitsgemeinschaft Wanderfalkenschutz des Naturschutzbundes Nordrhein-Westfalen (NABU NRW) gelungen, die genauen Bestände zu beschreiben und zu verfolgen. Mittlerweile brüten etwa 32 Paare im Regierungsbezirk Köln.

An einem verregneten Aprilmorgen darf ich Dr. Wegner bei seiner alljährlich wiederkehrenden Arbeit begleiten. Wir sind vor den Toren des Heizkraftwerks Niehl verabredet und wollen den Nachwuchs der hier brütenden Wanderfalken beringen. In 60 Metern Höhe haben diese eine Nisthilfe angenommen, die ihnen seit vielen Jahren zur Aufzucht der Jungtiere dient. Dass Peter Wegner schon 75 ist, ahnt man nicht, wenn er wie ein Wiesel die Außenleitern am Turm emporklettert. Er habe in den letzten Jahren fast genau so viele Meter in die Höhe wie in die Weite gemacht, sagt er. Überall, wo die Falken brüten, schaut er im Frühjahr vorbei, um den Nachwuchs mit Ringen zu kennzeichnen.

Oben auf dem Schornstein steht auf einer anderthalb Meter breiten Balustrade die hölzerne Kiste, in denen sich die circa 20 Tage alten Jungtiere befinden. Mit viel Geschrei umfliegt uns während der ganzen Aktion das Weibchen, dem unsere Anwesenheit nicht geheuer ist. Das Männchen sitzt in einigem Abstand an einem anderen Schlot und

schaut uns lieber aus sicherer Entfernung zu, als dem Weibchen zur Unterstützung zu kommen. Vier Jungtiere hat das Paar hoch über den Dächern von Niehl erbrütet, die sich alle bester Gesundheit erfreuen.

Der Prozess des Beringens ist Peter Wegner in Fleisch und Blut übergegangen. In ganz Nordrhein-Westfalen und den anliegenden Bundesländern hat er weit über hundert Tiere beringt. Für kurze Zeit holt Peter Wegner die Jungvögel aus dem Nistkasten, um sie einzeln zu wiegen und zu vermessen. Dies gibt auch Ausschluss darüber, welches Geschlecht die Tiere haben, denn die weiblichen sind gut ein Drittel größer als die männlichen Tiere. Wegner untersucht das Gefieder der Vögel, um Parasiten auszuschließen, und blickt ihnen in den Schlund, ob keine Nahrungsreste zurückgeblieben sind. Zu guter Letzt bekommen sie an jeden Greif einen Ring, der sie durch Nummern und Zahlenkombinationen unverwechselbar und somit immer wieder bestimmbar macht. Die Daten werden in einer Datenbank gesichert, so lassen sich die Tiere auch weiter bestimmen, wenn sie längst der Domstadt entflogen sein werden.

Die von Peter Wegner beringten Vögel brauchen noch mindestens 20 weitere Tage, bevor sie sich vom Schornstein in den Kölner Himmel stürzen können, um selbstständig nach Beute zu jagen. Aufgrund seiner unglaublichen Geschwindigkeit jagt der Wanderfalke nur Vögel und keine Mäuse oder andere am Boden lebende Tiere, da er sein Tempo nicht schnell genug drosseln kann und somit tödlich auf dem Boden aufschlagen würde. Vor allem der Halsbandsittich ist für den starken Greif ein gefundenes Fressen. Wenn die Tiere am Morgen oder Abend über sein Domizil hinwegfliegen, kann er sie mit Leichtigkeit aus der Luft pflücken.

Liebevoll geht Dr. Wegner mit dem Nachwuchs um, immer darauf bedacht, die Tiere weder zu verletzen noch zu stressen. Und so werfen wir noch einen letzten Blick in den Nistkasten, bevor wir uns an den Abstieg machen. Mit den heute beringten Jungtieren ist „der Wanderfalkenpapst" seinem Traum ein wenig näher gekommen. Er hofft, dass sich im Jahr 2023 wieder 300 Brutpaare in Nordrhein-Westfalen angesiedelt haben werden.

EHRENFELD

DER STADTBEZIRK EHRENFELD

Ähnlich wie im Bezirk Nippes geht es auch in den Stadtteilen Ehrenfeld, Neu-Ehrenfeld, Vogelsang, Bickendorf, Ossendorf und Bocklemünd/Mengenich, die den Stadtbezirk Ehrenfeld bilden, eng zu. Über 4300 Menschen leben hier pro Quadratkilometer zusammen und lassen der Natur damit nur wenig Raum, um eine artenreiche Tierwelt zu beheimaten. Einige grüne Inseln halten sich jedoch wacker inmitten der immer schneller fortschreitenden Bebauung und dem Zuzug der Massen. Angelegte Parks sucht man im Bezirk beinahe vergebens. Lediglich der Rochuspark an der Subbelrather Straße ist als solcher deklariert. Das „grüne Ehrenfeld" besteht eher aus zahlreichen namenlosen Flächen, welche die Anwohner mit eigens erdachten Bezeichnungen versehen: „Am Wassermann", „Biesterfeld" und „Teletubby-Land" – so bekommen sie eine Identität. Wenn der Bezirk Ehrenfeld mit einem trumpfen kann, dann sind es die Kleingärten, die überall als Kolonien verteilt liegen. Mit ihren exotischen und heimischen Pflanzen machen sie die Stadtnatur bunter, lebenswerter und entschleunigen den Alltag der Kölner. Ihnen allen hier Platz einzuräumen würde jedoch den Rahmen sprengen und wäre ein eigenes Werk wert.

BRACHFLÄCHE ZWISCHEN UNDERGROUND-CLUB UND BURGER KING

Wer in der Naturbetrachtung kreativ und zugleich genügsam ist, dem sei diese kleine Ehrenfelder Brachfläche ans Herz gelegt. Noch ist Platz auf dem unbebauten Grundstück am Ehrenfeld-Gürtel vor der Vogelsanger Straße. Große Pfützen locken Vögel an, die hier ein ausgiebiges Bad nehmen. Die Stadttauben werben

um ihre Weibchen, die Gebirgsstelze kommt wohl nur als Durchzügler an diesen wenig attraktiven Ort, um eine kurze Rast einzulegen und am Pfützenrand nach Nahrung zu picken. An den Backsteinwänden wetteifern Graffiti und Flieder um den farbenfrohen Auftritt. Schmetterlinge statten den duftenden Blütenstauden einen kurzen Besuch ab. Diese auf den ersten Blick wenig einladende Kölner Ecke

ist tatsächlich nur etwas für die wirklich Geduldigen, die ihren Fokus auf „natürliche" Kleinigkeiten richten – und für diejenigen, die der Beobachtung heimischer Straßentauben etwas abgewinnen können. Die Vögel sind in einem solchen Maße an Menschen gewöhnt, dass sie sich vom „Publikumsverkehr" nicht im Geringsten stören lassen.

Am Beispiel der Gebirgsstelze wie auch der Straßentaube wird deutlich, wie gut die Tiere es schaffen, mit ihrer veränderten Umgebung zurechtzukommen. Zwangsläufig lassen sie sich auf diese Liaison mit der Stadt ein und machen auch den urbansten Winkel ein klein wenig zur Wildnis.

LICHTUNG ZWISCHEN MATTHIAS-BRÜGGEN-STRASSE UND MILITÄR-RING

Südlich der Matthias-Brüggen-Straße, direkt am Militärring, liegen hinter einem dichten Baumgürtel eine geschützte Lichtung und eine junge Aufforstungsfläche. Am leichtesten gelangt man über die Von-Hünefeld-Straße in dieses Stückchen Kölner Grün. Südlich des Verkehrskreisels an der Matthias-Brüggen-Straße führt ein Feldweg in Richtung Wald. Der Bereich ist

GEBIRGSSTELZE

Wissenschaftliche Bezeichnung:
Motacilla cinerea

Erscheinung: Die Gebirgsstelze wird zwischen 15 und 20 cm groß und zeichnet sich durch ihren sehr langen Schwanz aus. Ihre Oberseite ist grau, ebenso der Kopf. Über dem schwarzen Auge verläuft ein weißer Streifen. Der hintere Teil ihres Rückens sowie ihre Brust sind gelb gefärbt.

Nahrung: Kleintiere und Insekten, die sie vom Boden frisst oder in der Luft jagt

Wissenswertes: Ebenso wie ihre nahe Verwandte, die Bachstelze, zeigt die Gebirgsstelze ein wellenförmiges Flugbild und wippt im Stand mit dem Schwanz. Wie alle Stelzenarten hält sie sich überwiegend in Gewässernähe auf. Auch ihr Nest baut sie bevorzugt an Ufern von Fließgewässern. Dort brütet sie zwischen April und August in etwa zwei Wochen vier bis sechs Eier aus.

Lebensraum: In Köln stößt man eher zufällig auf die Gebirgsstelze. Regelmäßige Sichtungen an bestimmten Orten sind nicht bekannt. Allerdings bietet der schnell fließende Rhein gute Voraussetzungen für ihr Brutgeschäft.

STRASSENTAUBE

Wissenschaftliche Bezeichnung:
Columba livia

Erscheinung: Die klassische Straßentaube, die ganz Köln bevölkert, dürfte jedem bekannt sein. Bis zu 32 cm wird sie groß, ihr Gefieder kann sehr unterschiedlich grau-weißlich-schwarz-braun gefärbt sein. Die Federn im Hals- und Nackenbereich schimmern grünlich.

Nahrung: Samen, in der Stadt v. a. Lebensmittelabfälle

Wissenswertes: Die Straßentaube stammt von der in Südeuropa vorkommenden Fel-sentaube ab. Durch menschliche Fütterung und das damit unbegrenzte Nahrungsangebot ist die Taube in der Lage, das ganze Jahr über zu brüten. Dies führt zu der großen Anzahl von in der Stadt lebenden Tieren. Mehrmals im Jahr erbrüten beide Elternteile zwei Eier, aus denen nach etwa zweieinhalb Wochen die Jungtiere schlüpfen.

Lebensraum: Straßentauben kommen flächendeckend im Stadtgebiet vor. Auf der Ehrenfelder Moschee, rund um das Heliosgelände und entlang der Bahntrasse (Hüttenstraße) lassen sich unzählige Tiere beobachten.

WILDKANINCHEN

Wissenschaftliche Bezeichnung:
Oryctolagus cuniculus

Erscheinung: Bis zu 40 cm wird das Wildkaninchen groß und kann dabei ein Gewicht von maximal 2,5 kg erreichen. Das
Fell ist graubraun, die Brustseite meist
heller. Auffällig sind die großen Ohren, die
bis zu 8 cm lang werden.

Nahrung: Gräser, Kräuter, Rinde von Sträuchern und Bäumen

Wissenswertes: Kaninchen leben in Fami-
lienverbänden mit einer klaren Rangord-
nung. Eigentlich sind sie dämmerungsaktiv,
hier in der Stadt aber auch tagsüber zu beobachten. Ihre Erdbauen graben sie in trockene, sandige Böden. Die Fortpflanzungs-
phase (Rammelzeit) liegt zwischen Februar
und September. Nach nur 28 Tagen Tragzeit
kommen fünf bis zehn nackte und blinde
Jungtiere zur Welt. Kaninchen werden bereits nach sechs Monaten geschlechtsreif
und können sich bis zu sechsmal im Jahr
paaren. Dementsprechend groß ist die
Gefahr einer Populationsexplosion, die
Kaninchen schnell zur Plage werden lassen
kann. Nur durch die Myxomatose, eine bei
Hasen und Kaninchen auftretende und für
sie tödlich verlaufende Viruserkrankung,
dezimiert sich ihre Zahl. Fressfeinde gibt es
in der Stadt nur in unzureichender Menge,
um ihnen ernsthaft gefährlich zu werden.

Lebensraum: Ursprünglich bevölkerten Kaninchen den Mittelmeerraum, doch schon
die Römer haben sie als Haustiere gezüch-
tet und mit in unsere Breiten gebracht.
Heute sind Kaninchen überall im innerstädtischen Bereich zu finden, in Richtung der
Randgebiete nimmt ihre Populationsdichte
stark ab.

weder landschaftlich besonders reizvoll noch glänzt
er mit außergewöhnlicher Tierwelt. Beeindruckend
aber ist, dass sich so ein ruhiges Örtchen unmittelbar
neben dem Ossendorfer Gewerbegebiet erhalten hat
und nicht etwa weiteren baulichen Maßnahmen zum
Opfer gefallen ist.

Überall im lichten, jungen Wald verraten Spuren die
Anwesenheit der Tiere, die hier eine Zuflucht gefunden haben. Es sind vor allem die Wildkaninchen, die
diesen Platz für sich in Anspruch genommen haben.
Auch Füchse sollen mehrfach gesehen worden sein.
Kein Wunder bei dem Nahrungsvorrat, der hier gebo-
ten ist. Wer die Muße hat, sich an einem klaren Morgen am Waldrand zu verstecken, um das rege Treiben

zu beobachten, wird zwar nicht mit spektakulären Erscheinungen verwöhnt werden, aber ziemlich sicher Eichelhäher, Elstern und eine große Anzahl an Singvögeln zu Gesicht und Gehör bekommen. Und wer weiß, vielleicht kommt ja sogar ein Fuchs vorbei. Intakte Natur und Industrie liegen an diesem Ort überraschend nah und doch harmonisch beieinander. Wem die wenigen Quadratmeter nicht reichen, der macht einen Schritt über den Militärring und befindet sich schon auf den Freiflächen des Nüssenberger Buschs.

NÜSSENBERGER BUSCH

Eingeklemmt zwischen den Autobahnen A1 und A57 sowie dem Militärring liegt das Landschaftsschutzgebiet Nüssenberger Busch. Die trockene, offene Graslandschaft wird auf der stadtzugewandten Seite von Mischwald begrenzt. Im Frühjahr bedeckt ein Teppich aus Buschwindröschen den Waldboden. Die dicht stehenden Bäume geben ein sehr ursprüngliches Bild ab, denn der Nüssenberger Busch ist einer der letzten bestehenden Naturwälder auf linksrheinischem Stadtgebiet. Selbst wenn der stete Verkehr der Autobahnen in die Ohren dringt, kann man hier bei einem Spaziergang „Wald pur" genießen.

Unzählige Insektenarten schwirren über die Wiesen des „Busches". Auf den Zäunen sieht man Mäusebussarde auf Nahrung lauern, am Himmel kreisen Milane, Turmfalken und zahllose Singvögel. Der Fischreiher hält nach einer Frosch-Mahlzeit Ausschau und wenn die Moorschnuckenherde zum Weiden vorbeischaut, wird sie von großen Distelfink-Schwärmen begleitet. Anwohner berichten von Dachsen

und Füchsen, die sich im Nüssenberger Busch herumtreiben sollen. Da das Gebiet aber von vielen Städtern auf der Suche nach Erholung genutzt wird, ist die Chance, die Sichtung eines solchen scheuen Tieres zu machen, sehr gering. Attraktiv ist es auch für Amphibien. Vor einigen Jahren hat der Kölner Zoo hier ein Amphibienschutzprojekt gestartet: Dank der Renaturierung eines Tümpels leben im Nüssenberger Busch heute wieder Frösche, Kröten und Molche.

FOTOTIPP

Lust auf authentisches Naturgefühl, ohne erst einmal weit aus der Stadt hinausfahren zu müssen? Dann ist der Nüssenberger Busch die richtige Adresse. Ein besonderes Naturerlebnis versprechen neblige Morgen. Schon zur Dämmerung sollte man vor Ort sein, an der Straße Am Hufenpfädchen kann man direkt vor der Autobahnunterführung parken, und schon steht man mitten im Landschaftsschutzgebiet. Der Nebel hüllt die Wiesen in zartes Grau, das bald von warmen Orangetönen abgelöst wird. Den Blick gen Osten gewandt, wirkt die Landschaft ursprünglich und verträumt. Die Spinnennetze, Blumen und Gräser sind mit Wasserperlen benetzt, aus dem Nebel stechen einzelne Bäume hervor. Am schönsten ist es, an die vereinzelten Bäume heranzutreten und die sichtbaren Sonnenstrahlen im Nebel festzuhalten. Wie sie durch die Zweige der Bäume scheinen und bei höher steigender Sonne immer weiter wandern, macht vor allem Zeitrafferaufnahmen höchst interessant. Nachdem die Wärme der Sonne die letzten Nebelschwaden vertrieben hat, sieht man am Himmel Mäusebussarde und mit ein wenig Glück andere Greifvögel schweben.

DAS „TELETUBBY-LAND" –
ZWISCHEN BUTZWEILER STRASSE UND DER A57

Auf einer weiteren Fläche ohne offiziellen Namen kann man in Ehrenfeld der Natur näher kommen. Dem ein oder anderen ist das Gebiet vielleicht als Teletubby-Land bekannt. Der Name leitet sich natürlich von der bekannten Fernsehserie ab, denn die sanften kleinen Erhebungen, die grasbewachsenen Erdwälle und vereinzelten Bäume machen den Eindruck, als ob jeden Moment einer der lustigen Gesellen winkend hinter einer Kuppe hervorkommen könnte.

Großflächig wächst im Sommer Hornklee auf den Wiesen (s. Foto unten), der wie ein gelber Teppich über dem Gras liegt. Von allen Seiten durch Busch- und Baumwerk eingeschlossen dringt lediglich das stete Rauschen der Autobahn ans Ohr des Besuchers. Menschliche Bebauung sieht man nur sporadisch zwischen den Bäumen durchscheinen.

Nördlich des Teletubby-Landes liegt hinter den Schrebergärten direkt vor den Toren eines großen schwedischen Möbelhauses eine weitere halb offene Fläche. Bewachsen mit Fliederbüschen und Hagebutte, trotzt sie dem Asphalt der Umgehungsstraßen und der Autobahn. Sogar ein kleiner Tümpel liegt in dem verwilderten Gebiet. Dieser zieht dank seiner Monopolstellung eine Vielzahl von Fluginsekten an.

Im gesamten Gebiet spielt die Landschaft, die vor allem an Regentagen mit sonnigen Abschnitten in schönes Licht getaucht wird, die Hauptrolle. Zudem

gibt es unzählige Brombeeren an den Rändern der vielen Bauminseln inmitten der Freiflächen. Auf dem Weg dorthin stieben die Kaninchen auseinander, und wer weiß, vielleicht erblickt man im Buschwerk auch den feuerroten Dompfaff. An feuchten Tagen trifft man aber unter Garantie auf eine der zahlreichen Weinbergschnecken.

FAMILIENTIPP

Im Herbst pfeift ein kräftiger Wind über die Landschaft, der sich hervorragend dazu eignet, den Drachen aus dem Keller zu holen und hier steigen zu lassen. Platz ist genug und so kommt sich niemand in die Quere. Während die Pänz noch rennen, können die Eltern die letzten Brombeeren pflücken und die heimischen Vögel zwischen den Drachen beobachten.

GIMPEL (DOMPFAFF)

Wissenschaftliche Bezeichnung:
Pyrrhula pyrrhula

Erscheinung: Die Männchen sind an ihrer leuchtend roten Brust zu erkennen, während diese bei den Weibchen eher bräunlich rosa schimmert. Beide Geschlechter ziert eine schwarze Kappe. Ihr Rücken ist grau, weiße Streifen durchbrechen das Schwarz der Flügel. Der Schwanz ist ebenfalls schwarz.

Nahrung: Beeren, Knospen und Sämereien

Wissenswertes: Die Bezeichnung Dompfaff geht auf die schwarze Kopfkappe des Vogels zurück. Viele Paare bleiben ein Leben lang zusammen. Zwischen April und Juli ist Brutzeit, dann sucht sich der Gimpel vorzugsweise Nadelbäume, in denen er vier bis sechs Eier ausbrütet.

Lebensraum: Der Gimpel ist ein heimischer Vogel. In Wäldern und Parks des Stadtgebietes fühlt er sich zu Hause. Im Winter kommt er auch gerne ans Futterhäuschen.

WEINBERGSCHNECKE

Wissenschaftliche Bezeichnung:
Helix pomatia

Erscheinung: Charakteristisch für die Weinbergschnecke ist ihr etwa 5 cm hohes, kugelförmiges Schneckenhäuschen. Dieses ist farblich sehr variabel, von hellgrau bis dunkelbraun. Der Körper der Weinbergschnecke ist ebenfalls grau bis braun.

Nahrung: Pflanzen und Kräuter

Wissenswertes: Die Weinbergschnecke kann ihr Gehäuse mit einem Kalkdeckel verschließen, was sie z.B. vor dem Winterschlaf macht. Die Schnecke ist einer der wenigen Zwitter im Tierreich.

Lebensraum: In Köln sind die Tiere überall zu finden, insbesondere nach Regenfällen und feuchten Nächten sind sie gut zu beobachten.

WIESEN ZWISCHEN HUGO-ECKENER-STRASSE UND WESTFRIEDHOF

Nördlich des Westfriedhofes liegt eine weitläufige, offene Landschaft, die vor allem unter Hundebesitzern regen Anklang findet. Hier können deren vierbeinige Freunde ihren Trieben im wahrsten Sinne des Wortes freien Lauf lassen. Über den Wipfeln der Bäume ragt der Fernsehturm Colonius in weiter Entfernung auf und gibt uns die Sicherheit, in der Natur, aber immer noch in Köln zu sein. Das ließe sich beim hiesigen Artenreichtum von Fauna und besonders der Flora nämlich schnell vergessen.

Nach Süden hin trennt ein baumbestandener Erdwall die unter Landschaftsschutz stehenden Wiesen, nach Norden wird die Freifläche ebenfalls durch einen jungen Waldstreifen begrenzt. Das freie Gelände wird durch Hügel, Buschstreifen und Bauminseln unterbrochen. Hier gedeiht Mischwald, breiten sich großzügige Brombeerfelder aus und stehen auf großen Flächen Disteln, die allerlei Tierarten anziehen. Die zahlreichen Wildblumen locken ebenfalls unzählige Insekten an. Im Osten der Wiese zeigt sich ein ganz anderes Bild als im westlichen Teil. Nahe dem Militärring

wachsen meterhohe lilafarbene Stauden –
Weidenröschen. Dagegen dominieren auf der
der Stadt zugewandten Seite eher klassische
Wiesenblüten.

Zahlreiche Schmetterlinge kommen auf der
Suche nach Nektar hierher: Das Große Ochsenauge bevorzugt die Disteln, Tagpfauenaugen
besuchen den Flieder und Zitronenfalter fliegen wenig wählerisch von Blüte zu Blüte. Auch
C-Falter rasten auf verschiedensten Pflanzen.
Darüber kreisen Greifvögel in den Lüften, unter
die sich auch immer wieder Habichte mischen.
Der große graue Vogel ist mittlerweile eine
Seltenheit auf Kölner Grund geworden, auch
wenn sich seine Bestände zunehmend erholen.

Die größte Population unter den Arten stellen die Wildkaninchen dar. Auf der
am Friedhof angrenzenden Wiese fallen unendlich viele Eingänge im Boden ins
Auge und streift man durchs Gebüsch, verschwinden überall vor einem die Kaninchen in der Tiefe. Die Wildwechsel der Tiere, also die Wegstrecken, die diese
immer wieder benutzen, lassen sich in allen Büschen und dicht bewachsenen
Wiesenflächen mit etwas Übung auch mit bloßem Auge gut erkennen. Mit Muße
und Geduld kann man aus sicherer Entfernung nach einiger Zeit die ersten Tiere
auf den „viel begangenen Wegen" sichten. Auch Füchse haben es sich in diesem
Teil Kölns bequem gemacht. Die vielen Hunde lassen sie hier auf den Freiflächen
jedoch noch vorsichtiger werden und so sind sie fast ausschließlich während der
Dunkelheit unterwegs.

Ein Schritt über den Mühlenweg und man steht inmitten eines kleinen Hains aus
Esskastanien und Obstbäumen, die auf einer weitläufigen Fläche die Landschaft
sprenkeln. Im Spätsommer, wenn die Früchte langsam reif werden, kommen
Krähen, Elstern und Halsbandsittiche an die Bäume, um sich hier die Bäuche
vollzuschlagen. Besonders Letzteren kann man dann sehr nah sein, sie lassen
sich durch menschliche Anwesenheit nicht beim Fressen stören. Irgendwo in der
angrenzenden Umgebung scheint ein Mäusebussard zu brüten. Die Natur macht
im gesamten Gebiet einen sehr intakten Eindruck, und das, obwohl Wohn- und
Gewerbegebiet in direkter Nähe angrenzen.

....

Wissenschaftliche Bezeichnung:
Polygonia c-album

Erscheinung: Der C-Falter zählt zu den kleineren Schmetterlingsarten. Seine Oberseite ist rot, braun und orange mit schwarzen Farbflecken. Die Flügel sind ungleichmäßig gezackt. Auf der unscheinbaren Unterseite befindet sich ein weißer Fleck in Form eines C (Name).

Nahrung: Blütennektar

Wissenswertes: Wenig scheu verharrt der C-Falter oft mit ausgebreiteten Flügeln. Dann kann man ihn sich aus der Nähe ansehen, wenn man sich langsam und gebückt nähert. Die Eier werden an Futterpflanzen der Raupen abgelegt.

Lebensraum: Auf Feldern und in Wäldern, auch in den Rheinauen sind C-Falter recht häufig anzutreffen.

BIESTERFELD

Im Norden von Vogelsang liegt zwischen Venloer Straße, Kolkraben- und Akazienweg ein idyllisches Fleckchen städtischer Natur. Offiziell hat es gar keinen Namen, den meisten Anwohnern ist es aber als Biesterfeld bekannt. Ein schmaler Streifen Mischwald bildet eine natürliche Grenze zwischen der offenen Graslandschaft und der umliegenden Bebauung. Die Struktur der Grünanlage ähnelt in ihrer Erscheinung und im Bewuchs dem oben beschriebenen Gebiet südlich der Hugo-Eckener-Straße. Die Betonbauten in der Nähe werden von Bäumen verdeckt, nicht einmal die Spitze des Colonius ragt über deren Wipfel empor. Überall stehen auch vereinzelte Baumgrüppchen im Feld.

An Vormittagen während der Woche verirren sich nur vereinzelte Spaziergänger hierher und manchmal verlegen Schulklassen ihren Sportunterricht ins Freie. Meist kann man aber fast ungestört die Natur genießen und sich auf die Suche nach farbenfroher Flora

RABENKRÄHE

Wissenschaftliche Bezeichnung:
Corvus corone

Erscheinung: Mit einer Spannweite bis zu
1 m kann die „rabenschwarze" Krähe eine
beeindruckende Größe erreichen. Beide
Geschlechter sind komplett schwarz gefärbt und haben einen kräftigen Schnabel.

Nahrung: Krähen sind regelrechte Allesfresser, was man im Stadtgebiet gut beobachten kann. Immer wieder sieht man
sie auf Mülleimern hocken, aus denen sie
Lebensmittelreste plündern. Sie fressen
auch Aas, ebenso wie Samen und Früchte.

Wissenswertes: Fälschlicherweise wird die
Rabenkrähe oft als Rabe bezeichnet. Dieser
ist jedoch deutlich größer und in Köln bis
dato nur in der Wahner Heide gesichtet
worden. Die Rabenkrähe hat eine sehr
nahe Verwandte, die graue Nebelkrähe
(Corvus cornix). Auch diese kann man hin
und wieder in Köln – meist in Randgebieten – entdecken. Außerhalb der Brutzeit
sind die Krähen sehr gesellig, man trifft
sie zu Dutzenden an, selbst im Stadtgebiet.
Ihre Nester bauen sie hoch in den Bäumen
und erbrüten im Frühjahr drei bis sechs
Jungtiere.

Lebensraum: Rabenkrähen sind überall
in Köln zu finden: auf allen Grünflächen,
aber auch in Gärten und außerhalb des
Stadtgebietes. In der Worringer Feldflur
(Stadtbezirk Chorweiler) kann man oft
große Schwärme von bis zu 50 Tieren
beobachten.

und seltener Fauna machen. Wenn die Wiesen nicht
gemäht sind, blühen hier Schafgarbe, Wiesen- und
Hornklee. Disteln ragen hoch über die Gräser hinaus,
und locken Schwärme von Stieglitzen an. Nicht umsonst heißen die bunten Singvögel auch Distelfinken.
Mit dem Feldstecher lassen sich die exotisch ausse-
henden Finken auch aus der Entfernung gut betrachten. Aus den Bäumen und Sträuchern trällern Singvögel ihre Melodien, während am Himmel gelegentlich
Mäusebussarde ihre Kreise ziehen.

Im Osten trennt ein Erdwall das Biesterfeld vom
Stadtgeschehen. In diesem befinden sich viele Tier-
baue – teils verwaist, teils jedoch offensichtlich
bewohnt. In den meisten hausen Kaninchen, einige
Eingänge sind allerdings so groß, dass dort wahr-
scheinlich eher ein Fuchs zu finden ist. Ein Besuch
am frühen Morgen, ausgerüstet mit Geduld und
Kamera, still und versteckt verharrend, würde sich
sicher lohnen, um den scheuen Bewohner aufs Bild
zu bannen.

KOHLMEISE

....

Wissenschaftliche Bezeichnung:
Parus major

Erscheinung: Die Kohlmeise hat einen schwarzen Kopf und weiße Bäckchen. Ihre Brust ist gelb und wird durch einen schwarzen Längsstreifen in zwei Hälften geteilt. Flügel und Schwanz erscheinen dunkelblau bis schwarz.

Nahrung: Sämereien und Insekten

Wissenswertes: Die Kohlmeise ist einer der häufigsten Brutvögel im Stadtgebiet. Im Winter lässt sie sich am Futterhäuschen beobachten. Sie brütet – gerne in Nistkästen – zwischen April und August bis zu zehn Eier aus.

Lebensraum: Kohlmeisen kommen überall in Köln vor. Sie sind in Parks, Wäldern, auf Friedhöfen und im Garten anzutreffen.

ALTBAU- UND BAHNDAMMMEISEN – KREATIVE NESTBAUER

Neben den schon beschriebenen Meisen erweisen sich auch ihre Verwandten, die Kohlmeisen, erfinderisch darin, Orte zu finden, die es ihnen ermöglichen, sich im Großstadtdschungel zurechtzufinden und sich zu vermehren. Mitten in Neu-Ehrenfeld brütet zum Beispiel die Kohlmeise in einem prächtigen Altbau nahe der Liebigstraße. Die Einflugschneise zum Nest liegt direkt über den Köpfen der Passanten – so kommen die Vögel beim Anflug ans Nest Fußgängern, Radlern oder Fahrzeugen unglaublich nahe. In nicht einmal zwei Metern Höhe piepen im Frühjahr die Jungvögel aus dem Schlitz und verraten so ihre Anwesenheit. Eine andere Kohlmeise nutzt am Bahndamm, nahe des Ehrenfelder Bahnhofes, Schlupfwinkel im Betongemäuer, um ihren Nachwuchs großzuziehen.

STIEGLITZ
(DISTELFINK)

Wissenschaftliche Bezeichnung:
Carduelis carduelis

Erscheinung: Der Stieglitz gehört mit seinem farbenfrohen Gefieder zu den buntesten Singvögeln, die in Köln umherfliegen. Sein Kopf ist schwarz-weiß-rot, der Rücken hellbraun, die schwarzen Flügel werden von einer leuchtend gelben Binde geteilt.

Nahrung: Sämereien und Knospen, v.a. Distelsamen

Wissenswertes: Der Stieglitz hat seinen Beinamen Distelfink bekommen, da man ihn v.a. an Disteln beobachten kann, deren Samen er mit seinem feinen Schnabel herauspickt. Er ist oft im Schwarm unterwegs. Im Sommer fliegt der unscheinbare Nachwuchs, der noch keine Gesichtsfärbung aufweist, ebenfalls in kleinen Schwärmen über die Distelfelder. Bis zu zweimal jährlich brütet der Vogel etwa fünf Eier aus.

Lebensraum: In Köln sind Stieglitze auf Freiflächen mit einem hohen Anteil an Disteln zu finden (Hugo-Eckener-Straße, Nüssenberger Busch, Biesterfeld), oft begleiten sie die grasenden Moorschnucken. Auch in der Merheimer Heide (Stadtbezirk Kalk) finden sich die bunten Vögel.

ROTKEHLCHEN

Wissenschaftliche Bezeichnung:
Erithacus rubecula

Erscheinung: Seinen Namen verdankt das Rotkehlchen seiner rot-orangen Brust und Kehle, die sich deutlich von der braunen Ober- und grau-weißen Unterseite absetzen. Der kleine Vogel mit seinem winzigen Schnabel und schwarzen Augen ist an der leuchtenden Brust gut zu erkennen.

Nahrung: Beeren, Sämereien und Kleintiere

Wissenswertes: Unverwechselbar macht das Rotkehlchen sein imposanter, melodischer Gesang. Es ist schon erstaunlich, dass ein so kleiner Vogel solch schöne Töne von sich gibt. Rotkehlchen sind im Stadtgebiet wenig scheu, sie flüchten erst, wenn man bis auf 2 bis 3 m herankommt. Zwischen April und August erbrüten sie etwa sechs Jungtiere in bodennahen Nestern, wofür sie Wurzelüberhänge, Baumhöhlen und Mauerritzen nutzen.

Lebensraum: Das Rotkehlchen ist in allen Parks, Gärten, Wäldern und auf Friedhöfen im Stadtgebiet anzutreffen.

GRÜNE OASE „AM WASSERMANN"

Im Süden von Vogelsang versteckt sich eine grüne Oase, die im Volksmund den Namen „Am Wassermann" bekommen hat – so wie die gleichnamige Straße südlich der Naturfläche. Der verborgene See ist kaum jemandem außerhalb der Siedlung bekannt und man erntet nur fragende Blicke, wenn man den Namen erwähnt. Das Betreten des Ufers ist nicht gestattet, aber ein Besuch in dem kleinen Waldstück ist empfehlenswert, denn hier präsentiert sich an zentraler Stelle in der Stadt die Natur sehr ursprünglich.

Schon das Hereinkommen in dieses Gebiet ist eine wirkliche Herausforderung: Es scheint sich zunächst kein Weg ins Innere zu erschließen. In der Biegung zwischen Dohlen- und Kuckucksweg findet sich ein verborgener Pfad, gerade breit genug für eine Person. Einmal durchschritten, fühlt man sich wie in einer anderen Welt: Die Großstadt ist weit weg und man wird von einem urwaldähnlichen Laubwald verschluckt. Ein Großteil des Bewuchses besteht aus Birken, aber auch Walnuss und Robinien stehen hier dicht an dicht. Kletterpflanzen ranken an den Stämmen hoch, überwuchern die toten Bäume und bedecken den Boden.

Eigentlich ist es überflüssig, auf Schildern darauf hinzuweisen, dass man die Wege nicht verlassen darf. Dichter Holunder, Flieder und immer wieder Brombeeren bilden eine undurchdringliche grüne Mauer. Die wenigen verschlungenen Pfade verlaufen kreuz und quer durch das kleine Areal, im Sommer verschließt ein Baldachin aus Grün den Blick gen Himmel. Der nordwestliche Teil des Gebietes wird vom bereits erwähnten kleinen See dominiert, dessen Ufer von einem dichten Schilfgürtel und bis ins Wasser ragende Brombeeren umgeben sind. Ein Rankommen ist nahezu unmöglich, nur einige gut versteckte Trampelpfade erlauben es den Mitgliedern des ansässigen Angelsportvereins, bis zum Wasser vorzudringen.

Aus den Baumkronen tönen unzählige Vogelstimmen, Rotkehlchen sitzen auf den dünnen Zweigen, am Boden huschen die Kaninchen vor den Schritten der vereinzelten Besucher davon, und zwischendrin kann man die zahlreichen Eichhörnchen beobachten. Ihre buschigen Schwänze in leuchtendem Orange machen es leicht, die Tiere zu entdecken. Jeder Weg scheint gleich, nicht einmal der erfahrene Naturliebhaber kann sich hier Wegmarkierungen merken. Für den Besuch in diesem dschungelartigen Bereich von Köln sollte man Zeit einplanen, und die Bereitschaft, für einen Moment verloren zu gehen und sich treiben zu lassen, früher oder später kommt man schon wieder am Ausgangspunkt an.

RÜCKEPFERDE – MIT 1 PS DURCH DEN WALD

Inmitten dichter Bäume steht keine zwei Meter von mir entfernt ein starker Kaltblüter. An diesem kalten Wintermorgen strömt bei jedem Atemstoß „Nebel" aus seinen Nüstern, Schneeflocken tanzen um uns herum. In den Waldflächen rund um den Militärring trifft man regelmäßig die Rückepferde an: Immer wieder kommen sie in die Kölner Wälder, um „Bäume zu rücken". Es wirkt, als hätte man einen Schritt in längst vergangene Tage gemacht: Mensch und Tier bearbeiten gemeinsam im Wald das Holz.

Mit Nostalgie hat das aber nichts zu tun, vielmehr ist dies die moderne Art der Waldbewirtschaftung. Fortschrittlich, umweltschonend und nachhaltig ist der Einsatz der Rückepferde. Die zuvor von Hand gefällten Bäume werden von den starken Tieren in sogenannte Rückegassen an Stellen gezogen, von wo sie mit Lkw abtransportiert werden können. Wo schwere Maschinen wie der Harvester gravierende Schäden an Bäumen und Boden verursachen würden, bewegen die Pferde die Baumstämme auf eine fast grazile Art. So ist der Wald in diesem Teil von Köln weit weniger von Rückegassen durchfurcht, denn wo einmal die Maschinen über den Boden gefahren sind, dauert es Ewigkeiten, bis sich wieder Sprösslinge den Weg bahnen können. Vor allem sind die Pferde auch im schwierigen Gelände, in engen Wäldern und an steilen Hängen einsetzbar. Und ihre CO_2-Bilanz ist hervorragend – das ist wahres Umweltbewusstsein!

Bei meinem Besuch bei Stanislav und seinem Pferd Wilhelm wird mir klar, wie schön es sein kann, in und mit der Natur zu arbeiten. Um die Bäume abzutransportieren, werden Ketten um die Stämme gelegt und am Geschirr des Pferdes festgemacht. Dann gibt Stanislav kurze Kommandos, und schon setzt sich Wilhelm mit schweren Schritten, den Stamm im Schlepptau, in Bewegung. Es weckt Kindheitserinnerungen, wenn Stanislav das Pferd mit den Worten „Hü-Hott" auffordert, loszuziehen. Dass die beiden schon seit zehn Jahren zusammenarbeiten, wird deutlich, wenn er einmal mit der Zunge schnalzt, Wilhelm sich umschaut und sofort auf seine Zeichen reagiert.

Unter Dauerbelastung sind die Rückepferde in der Lage, rund ein Drittel ihres eigenen Körpergewichtes zu bewegen. Wer auf die arbeitenden Tiere trifft, sollte ihnen unbedingt eine Weile zusehen, denn es hat fast etwas Meditatives und ist allemal schöner anzuschauen als moderne Holzfällmaschinen, die in wenigen Stunden ganze Flächen von Bäumen abernten.

LINDENTHAL

STADTBEZIRK LINDENTHAL

Der Stadtbezirk Lindenthal besteht aus neun Veedeln, er reicht im Osten bis an die Innere Kanalstraße und im Westen bis nach Weiden. Während die südliche Grenze durch die A4 bestimmt wird, ist ihr Verlauf im Norden weniger klar: Im Zickzack geht es entlang der Stadtteile Braunsfeld, Müngersdorf und Widdersdorf. Im Herzen des Bezirks liegt ein großer Teil des Äußeren Grüngürtels, zu dem ein Stück des Stadtwalds und der Decksteiner Weiher gehören. Der Landschaftspark Belvedere und der Melatenfriedhof, beide nördlich gelegen, bieten stadtnahe Natur pur. Im südlichen Teil befinden sich der Beethoven- und der Klettenbergpark. All diese grünen Flächen sorgen dafür, dass Köln ein wenig wilder wird. 3300 Einwohner leben im Bezirk pro Quadratkilometer zusammen. Viele von ihnen zieht es an schönen Tagen vor allem in den Stadtwald und in die angelegten Parks.

MELATENFRIEDHOF

Ob es angebracht ist, auf dem Melatenfriedhof „Safari" zu machen, daran scheiden sich die Geister sicherlich. Naturliebhaber und Fotografen zieht es immer wieder an den friedlichen Gottesacker zwischen der Aachener- und der Weinsbergstraße, der zudem mit vielen kunstvollen Grabmälern eine eindrucksvolle Atmosphäre schafft. Daher haben sich selbst die Menschen, die hier ihre Verwandten und Freunde besuchen wollen, an die naturinteressierten und fotobegeisterten Gäste, die mit Teleobjektiv und Stativ unterwegs sind, gewöhnt.

Mitten in einem dicht bewohnten Stadtteil haben sich auf dem Melatenfriedhof unzählige Arten – vom klitzekleinen Zaunkönig bis hin zum Waldkauz – diese letzte Ruhestätte der Menschen zur Heimat erkoren. Der abwechslungsreiche Baumbestand, unzählige Blumen und offene Wiesen bieten großen und kleinen Tieren gute Lebensbedingungen. Schon auf den ersten Blick entdeckt man Halsbandsittiche in den Pappeln der zentralen Allee, ebenso wie die flinken Eichhörnchen. Auf den Grabsteinen schmettern Amseln und Rotkehlchen ihre schönsten Melodien und hoch über den Besuchern klopfen Grün- und Buntspecht an den Ästen im Takt. Kleiber, Finken und Meisen hüpfen im Buschwerk, von überall hört man das Gekreische der Eichelhäher und Elstern. So weit, so gewöhnlich. Im richtigen Moment trifft man aber auch auf Tiere, die man weniger in der Stadt vermuten würde. So besiedeln zum Beispiel Füchse seit vielen Jahren den Friedhof, ziehen hier sogar ihre Jungen groß.

Angst braucht man vor ihnen nicht zu haben, für sie sind eher die Kaninchen interessant, deren stets zahlreicher werdende Schar sie sogar zu dezimieren helfen. Zu den besonderen Vertretern der Vogelwelt gehören an diesem Fleck der selten gewordene Habicht, den man in den Baumkronen ausmachen kann. Am frühen Morgen und späten Abend schreit sogar der Waldkauz aus den dichten Zweigen der Nadelbäume.

RAUTENSTRAUCH-KANAL

Schnurgerade zerteilt der 1925 angelegte Rautenstrauch-Kanal den Stadtteil Lindenthal. An seinen Ufern überragen Linden und Rosskastanien die Giebel der prachtvollen Bauten, die den Kanal säumen. Aufgrund seiner Lage in der Nähe verschiedener Institute der Universität und seines Verlaufs in Richtung Stadtwald sind die Wege links und rechts des Kanals stark frequentiert: Unzählige Kölner schlendern hier entlang, was den Tieren, die hier im und am Wasser leben, schon lange nichts mehr auszumachen scheint. So lugen am Ufer die auch im Volksgar-

HABICHT

Wissenschaftliche Bezeichnung:
Accipiter gentilis

Erscheinung: Das Männchen ist rund ein Drittel kleiner als das Weibchen. Dieses erreicht eine Flügelspannweite von bis zu 125 cm, die Männchen schaffen es hingegen nur auf knapp über 100 cm. Die Oberseite des Habichts ist grau, ebenso die Flügeldecken sowie die Kopfbefiederung. Die Unterseite ist sehr hell und wird von schmalen schwarzen Streifen quer gebändert. Die Augen der Vögel leuchten orange.

Nahrung: Vögel, Fasane, Mäuse

Wissenswertes: Habichte waren in den 1970er-Jahren nahezu komplett aus Nordrhein-Westfalen verschwunden, sie ereilte das gleiche Schicksal wie die Wanderfalken. Heute steigt ihre Population jedoch langsam wieder an. Habichtpaare bauen hoch in den Bäumen imposante Nester, die sie mit frischen Zweigen auspolstern. Zwischen März und Juni schlüpfen nach der Brutzeit drei bis fünf Jungvögel.

Lebensraum: Die Greifvögel leben vorwiegend in großen, zusammenhängenden Waldgebieten, in Köln z.B. in der Wahner Heide und im Chorbusch (Stadtbezirk Chorweiler). Aber auch auf den Freiflächen südlich der Hugo-Eckener-Straße (Stadtbezirk Ehrenfeld) und auf dem Melatenfriedhof gibt es Brutpaare.

EICHHÖRNCHEN

....

Wissenschaftliche Bezeichnung:
Sciurus vulgaris

Erscheinung: Der Körper des Eichhörnchens ist ca. 25 cm lang, der buschige Schwanz alleine misst noch einmal 20 cm. Das Fell variiert von einem hellen Rotorange bis fast Schwarz, die Brust leuchtet weiß. Auffallend sind die Pinselohren: Im Winter wachsen den Tieren lange Haarbüschel an den Ohren.

Nahrung: Eichhörnchen sind Nagetiere und fressen als solche Nüsse, Eicheln, Bucheckern und Samen sowie Jungvögel und Insekten. Sie legen Nahrungsvorräte an, indem sie diese vergraben oder in Baumhöhlen verstecken.

Wissenswertes: Hoch in den Baumkronen bauen Eichhörnchen ihre kugelförmigen Nester (Kobel). Im Januar/Februar paaren sie sich nach ihrer Winterruhe, die zur Nahrungssuche unterbrochen wird. Bis zu zweimal im Jahr kommen zwei bis fünf Jungtiere nackt und blind zur Welt, die nach sieben Wochen das Nest verlassen.

Lebensraum: Eichhörnchen kann man in allen Parks im Stadtgebiet sichten. In Gärten und auf Friedhöfen, selbst in kleinsten Baumgruppen fühlen sich die Nagetiere wohl. Im Stadtgarten (Stadtbezirk Innenstadt) sind sie besonders häufig zu beobachten. Das Eichhörnchen ist im Stadtgebiet an den Menschen gewöhnt, da es im Winter von der Zufütterung der Vögel profitiert.

NILGANS

Wissenschaftliche Bezeichnung:
Alopochen aegyptiacus

Erscheinung: Nilgänse erreichen eine Größe von bis zu 73 cm und eine Flügelspannweite von bis zu 150 cm. Mit ihrem bräunlich grauen Gefieder, dem farblich abgesetzten Kopf und Hals, ihren orangefarbenen Augen, den schwarz-weißen Flügeln und rötlichen hohen Beinen heben sie sich deutlich von Artverwandten ab. Kennzeichnend für die Nilgans sind außerdem ihr brauner Augenring sowie der rosafarbene Schnabel.

Nahrung: überwiegend pflanzliche Nahrung (Gras und Sämereien)

Wissenswertes: Insbesondere während der Brutzeit und der Aufzucht der Jungen

zeigen Nilgänse ein sehr aggressives Verhalten und dulden keine anderen Wasservögel in ihrer Nähe. Sie leben an Teichen, Seen und Weihern. Zum Fressen kommen sie an Land, um hier auf ufernahen Wiesen zu grasen. Zwischen März und September brütet die Nilgans ein- bis dreimal im Jahr und legt dazu sechs bis zehn Eier in Nester am Boden im Röhricht, im Stadtbereich auch in Greifvogelhorsten und verlassenen Krähennestern.

Lebensraum: Die ursprünglich aus Afrika stammende Nilgans hat sich in verschiedenen Gebieten der Bundesrepublik eingebürgert. Mittlerweile brüten an die 900 Paare in Nordrhein-Westfalen. Einige davon sind in und nahe der Kölner Innenstadt zu sehen.

ten und dem Blücherpark vorkommenden Rotwangenschildkröten aus dem Wasser und verfolgen mit ihren Blicken die Spaziergänger. Nilgänse ziehen hier ihren Nachwuchs auf und so kommt es vor, dass ein Paar mitsamt Anhang den Weg des Menschen kreuzt. Farbenfroh kommt sie daher und ist so unter all den anderen Gänsen unverwechselbar. Neben Kanada-, Grau- und hin und wieder sogar Rostgänsen ist sie inzwischen fester Bestandteil der Kölner Fauna geworden. In aller Seelenruhe suchen die heimischen Exoten an den Ufern des Kanals nach Nahrung und lassen sich dabei aus nächster Nähe beobachten. Recht nah heran kommt man, wenn man sich geduckt mit kleinen „Gänseschritten" anpirscht. Keine fünf Meter von ihnen entfernt, kann man sich im Gras niederlassen und darauf warten, dass die neugierigen Gänse ihrerseits ein Stück auf einen zukommen.

STADTWALD MIT KONRAD-ADENAUER-WEIHER

Kilometerweit zieht sich der Stadtwald vom gleichnamigen „Gürtel" bis hin zu den Jahnwiesen in Müngersdorf. Asphaltierte Wege führen die Besucher mitten in seine bunte Mischung aus Laub- und Nadelgehölzen. Im Herbst kann man Walnüsse, Ross- und Esskastanien sammeln – vor allem Pänz haben daran ihren Spaß. Immer wieder bricht der Wald zu offenen Wiesen auf, die nur vereinzelt mit alten Baumriesen gespickt sind. Steigt man an der Haltestelle „Dürener

BRAUNBRUSTIGEL

···

Wissenschaftliche Bezeichnung:
Erinaceus europaeus

Erscheinung: Der Igel ist durch seine stachelige, rundliche Form wohl von jedem anderen Tier zu unterscheiden. Igel können eine Körperlänge von 30 cm erreichen. Die Stacheln des Igels sind weiß und braun, werden ca. 2 bis 3 cm lang und 1 mm dick.

Nahrung: Insekten, Schnecken, Kleintiere

Wissenswertes: Igel sind Einzelgänger und überwiegend dämmerungs- und nachtaktiv. Bei Gefahr, z.B. um sich vor Fressfeinden zu schützen, rollt sich der Igel zu einer Kugel zusammen. Viele Tausend Stacheln stehen dann zu allen Seiten von den Tieren ab. Zwischen April und August paaren sie sich und bringen bis zu zehn Jungtiere zur Welt. Vom Spätherbst bis ins Frühjahr halten die Tiere Winterschlaf.

Lebensraum: Igel kommen in Parks und Gärten, auch in Wäldern vor. Sie sind überall im Stadtgebiet zu beobachten.

IGEL – NÄCHTLICHE BESUCHER

Neben den Nilgänsen leben unauffälligere Arten in der Stadt. So wuseln in ganz Köln Igel durch die Nacht und bereiten dem Betrachter bei ihrem Anblick Freude, wenn sie mit ihren kurzen Beinchen über den Asphalt tippeln. Hört man spätabends oder nachts ein Rascheln im Gebüsch, sollte man nicht gleich aus Angst vor finsteren Zeitgenossen die Flucht ergreifen, sondern sich die Zeit nehmen, zu verharren und darauf zu warten, was wohl aus dem Busch herauskommt: Oft ist es einer der stacheligen Gesellen. Zu Unrecht werden sie hin und wieder in sorgsame Obhut genommen. Dabei können Igel im Allgemeinen ganz gut für sich selbst sorgen und müssen nicht in Laub gebettet und mit Milch gefüttert den Herbst auf einem Balkon verbringen. Erst wenn im sehr späten Herbst tagsüber Tiere unterwegs sind, die abgemagert wirken, ist es sinnvoll, ihnen zu helfen. Da dies für die Igel tatsächlich gefährlich werden kann, fragt man am besten beim Naturschutzbund (Nabu) oder dem Bund für Umwelt- und Naturschutz (BUND) nach, was man genau tun soll.

Straße" aus und betritt aus dieser Richtung den Stadtwald, stößt man schnell auf den Kahnweiher, der Naturliebhaber mit viel städtischer Wildnis empfängt. Die Gewissheit, dass es in Richtung Westen mehr als zwei Kilometer so weitergeht, lässt selbst den gestresstesten Großstädter mit jedem weiteren Schritt Entspannung finden.

Wer sich länger als einen Augenblick für einen Spaziergang Zeit nimmt, kann den am Kahnweiher grasenden Nilgänsen zuschauen, das Farbenspiel des sich im Wasser spiegelnden gelb-roten Herbstlaubs genießen und sich im Wildpark vom zahmen Damwild aus der Hand fressen lassen. Enten, Ziegen und Esel sind zusätzliche Attraktionen des kleinen Wildparks, der vor allem an Wochenenden viele Familien anzieht. Kein Wunder, denn wo sonst kann man in der Stadt diesen Tieren so nahe kommen wie hier? Obwohl die Buntspechte und Mäusebussarde in den Baumkronen eigentlich viel wilder leben als die Bewohner des Wildparks, bleiben diese die Hauptattraktion des Geheges. Wie auf dem Melaten haben Waldkauze die Baumkronen des Stadtwalds erobert und so hört man vielleicht deren Rufe am späten Abend.

Hinter dem Militärring beginnt der Äußere Grüngürtel. Immer weiter führen die Wege in Richtung Westen, bis schließlich der Konrad-Adenauer-Weiher erreicht ist und mit dessen westlichem Ende auch diese große Grünfläche des Bezirkes ihren Abschluss findet. Wer will, kann hier einfach einen Weg in Richtung Süden einschlagen und weitere Kilometer im Grün des Äußeren Grüngürtels unterwegs sein. Nur die Dürener Straße und die Ost-West-Bahntrasse durchschneiden das grüne Band im Bezirk Lindenthal. Hier, wo einst schwere Befestigungsanlagen die Kölner vor bösen Buben aus der Nachbarschaft schützten, ist das Gefühl, inmitten einer Metropole zu sein, fast gänzlich verschwunden.

FAMILIENTIPP

Der Lindenthaler Wildpark geht zwar nicht als besonders ursprüngliche oder wilde Natur durch, ist aber dennoch sehenswert. Die abwechslungsreiche Gestaltung mit offenen Flächen und alten Laubbäumen bietet auch freien Arten einen Lebensraum. Ein schönes Erlebnis vor allem für tierbegeisterte Kinder, die zahme Wildparkbewohner füttern, wilde Spechte, Mäusebussarde und Gänse beobachten und auf Ponys reiten können. Ein großer Spielplatz lädt zudem dazu ein, entdeckt zu werden.

DAMWILD

Wissenschaftliche Bezeichnung:
Dama dama

Erscheinung: Damwild ist deutlich größer als Rehwild und hat weiße Flecken auf dem Fell, dessen Grundfarbe im Sommer braun, im Winter gräulich ist. Der Hirsch trägt ein großes Geweih, das dem von Elchen ähnelt.

Nahrung: Kräuter, Rinde, Knospen und Jungtriebe

Wissenswertes: Das Damwild wurde aus Asien bei uns eingebürgert. Die Tiere im Lindenthaler Wildpark sind zahm und lassen sich sogar aus der Hand füttern. Lange vor der Brunft (Mitte Oktober) wirft der Hirsch wie jedes Jahr sein altes Geweih ab und entwickelt ab Mai/Juni ein neues. Im Juni bringen die Weibchen meist jeweils ein Jungtier zur Welt.

Lebensraum: Damwild benötigt offene Flächen und ist rund um Köln eher selten anzutreffen. Auf Kölner Stadtgebiet soll es frei lebende Tiere in der Wahner Heide geben.

DECKSTEINER WEIHER

Im Äußeren Grüngürtel liegt die große Wasserfläche des Decksteiner Weihers. Umringt von zahllosen Baumarten bietet dieser zum Landschaftsschutzgebiet Äußerer Grüngürtel gehörende See ideale Voraussetzungen, um der hektischen Stadt für einen Moment zu entfliehen. Eine Einladung, welche die Kölner gerne annehmen, und so ist man hier nie alleine. Schön ist es trotzdem, denn der Decksteiner Weiher empfängt seine Besucher zu jeder Jahreszeit in einem anderen Farbenkleid: Im Frühjahr sattgrün, im Herbst rot-golden, während in eisigen Wintern die kahlen Bäume wie Finger in den Himmel ragen.

Obwohl der Decksteiner Weiher so geradlinig und symmetrisch verläuft, hat man nicht das Gefühl, sich in einer akkuraten Anlage zu befinden. Schon auf den Waldwegen in Richtung Weiher entdeckt man verschiedenste Vögel: Kleiber und Buntspechte inspizieren die Rinden der Bäume, Rotkehlchen, Finken und der Zilpzalp durchstreifen das Unterholz. Auf dem See kann man unzählige Wasservögel beobachten.

BRAUTENTE

Wissenschaftliche Bezeichnung:
Aix sponsa

Erscheinung: Männchen und Weibchen der Brautente sind sehr unterschiedlich in der Gefiederfärbung. Während die Weibchen ähnlich den Stockenten ein braun-graues Gefieder mit schwarzen Flecken haben, kann man sie doch am weißen Augenring und der Größe von diesen unterscheiden. Die rotäugigen Männchen sind mit ihrem bunten Gefieder klar zu bestimmen. Sie tragen eine schillernd grüne Haube, die von einem weißen Streifen durchzogen ist. Ihr Hals ist weiß, der Nacken schwarz, über dem rot-schwarzen Schnabel trägt die Ente einen gelben Fleck. Die rostrot leuchtende Brust ist teils weiß gesprenkelt. Die Flanken sind beige, Oberflügel und Schwanz schimmern schwarz.

Nahrung: Wasserpflanzen und Wasserinsekten. Sie grasen auch auf ufernahen Wiesen.

Wissenswertes: Die Brautente zählt zu den Glanzenten. Ursprünglich stammt sie aus Nordamerika, wo sie zu einer der zahlreichsten Arten gehört. Schon seit dem 17. Jh. werden auch in Europa Brautenten als Ziervögel gehalten, da diese sehr standorttreu sind. Im Frühjahr legt das Weibchen bis zu zehn Eier. Als Höhlenbrüter benötigt es dazu alte Baumhöhlen oder Nisthilfen.

Lebensraum: In Köln findet man die Brautente auf dem Decksteiner Weiher und am Kahnweiher des Stadtwalds. Weitere Exemplare sind bei Erscheinen des Buches nicht bekannt.

Besonders schön ist, dass sich allerlei Arten sehr zutraulich zeigen. Und so kommen neben Stockenten, Blesshühnern und Dutzenden von Schwänen auch Haubentaucher an die gut besuchten Ufer und lassen sich aus nächster Nähe dabei zusehen, wie sie ihren Nachwuchs mit fangfrischem Fisch füttern. Zwischen den heimischen Arten finden sich auch Hybriden aus Stock- und Hausenten, die durch ihr dunkles Gefieder mit der weißen Brust auffallen. Sogar Brautenten kann man mit etwas Glück auf dem See beobachten, insbesondere das bunte Gefieder des Erpels sticht ins Auge. Selbst diese eingewanderte Art kommt ganz nah ans Ufer, wenn man sie nicht durch hektische Bewegungen verunsichert.

BEETHOVENPARK

Der Beethovenpark ist von außergewöhnlicher
Schlichtheit geprägt. Hier gibt es lediglich eine
große baumumstandene Wiese, die durch das dichte
Kleevorkommen kaum anderen Wildblumen Raum
bietet. Nicht einmal Butterblumen und Gänseblüm-
chen können sich hier einen Platz erkämpfen. Und
auch sonst: kein Löwenzahn, keine Schafgarbe weit
und breit auf der Grünfläche. Aber gerade diese
Einfachheit, gepaart mit der Ruhe, scheint für
Sülzer, Klettenberger und Lindenthaler Anwohner
anziehend zu sein. Kein Straßenlärm dringt in den
Park, hier hört man nur die Rufe der Vögel und der
spielenden Kinder. Denn wenn die Anlage mit etwas
auftrumpfen kann, dann sind es schöne und saubere
Spielplätze.

Es lohnt sich, beim Durchstreifen des Buschwerks
einmal genauer hinzusehen, denn hier kann man viele Spuren heimlich lebender Arten finden. Im Erdwall
zwischen Spielplätzen und Wiese befindet sich ein
großer Fuchsbau, dessen Bewohner man mitunter auf
seinen Streifzügen durch die Dämmerung beobachten
kann. In den Wipfeln sieht man regelmäßig Bunt-

GARTENBAUMLÄUFER

Wissenschaftliche Bezeichnung:
Certhia brachydactyla

Erscheinung: Der Gartenbaumläufer ist ein
in den Farben Braun, Weiß und Schwarz
gesprenkelter, sehr kleiner Vogel mit
weißlicher Brust, der so gut mit der Rinde
der Bäume verschmilzt, dass ihn nur seine
Bewegungen verraten. Neben dem Gartenbaumläufer gibt es den Waldbaumläufer,
der Ersterem sehr ähnlich sieht. Er besitzt
einen langen, gebogenen Schnabel und
einen langen Schwanz.

Nahrung: Insekten, die er unter abstehenden Rindenteilen sucht und herauspickt

Wissenswertes: Zwischen März und Juli
brütet der Vogel ein- bis zweimal und legt
fünf bis sechs weiße, rot-braun gefleckte Eier
in Nester hinter abstehender Rinde oder in
Holzhaufen. Kalte Winternächte verbringen
die Baumläufer eng aneinandergeschmiegt,
um keine Körperwärme zu verlieren.

Lebensraum: Der Baumläufer ist in den
meisten Parks, Grünanlagen und auf Friedhöfen anzutreffen.

spechte und Baumläufer. Um spektakuläre Tierbeobachtungen zu machen, ist man vielleicht nicht an der besten Adresse, zum Entspannen an sonnigen Tagen ist der Beethovenpark jedoch absolut angesagt.

KLETTENBERGPARK

Der Klettenbergpark liegt nicht unbedingt am schönsten Ort in Köln: An seiner Nordseite führt die Luxemburger Straße entlang, auf der ein nie abreißender Strom von Autos und Straßenbahnen die Ruhe im Park stört. Einzigartig macht die Anlage jedoch, dass hier nicht alles so akkurat und steril gehalten ist wie in den meisten anderen innerstädtischen Anlagen. Kleine asphaltierte Wege und unbefestigte Pfade führen kreuz und quer durchs Gebüsch. Am Ufer des zentralen Sees wachsen Ahorn, Pappeln und Weiden. Platanen und Birken runden das Bild ab.

Auch wenn sich das Gewässer nicht immer von seiner saubersten Seite zeigt – oft „ziert" eine Algenschicht dessen Oberfläche – ist es doch Heimat zahlreicher Arten. Im Schilf verstecken sich Vögel und Enten, eine Besonderheit sind hier die Libellen, die sich im Herbst zu Hunderten an den Ufern aufhalten. Die Gemeine Weidenjungfer (s. Foto unten) und die große Königslibelle lassen sich an den ufernahen Pflanzen gut beobachten. Während sich unten am See die Libellen paaren, fressen die Halsbandsittiche und Tauben hoch in den Wipfeln der Buchen deren Eckern. Hin und wieder verirren sich klassische Schmetterlinge wie der Kleine Fuchs oder der Kohlweißling auf die Wiesen am See, finden hier allerdings nur wenige Möglichkeiten, sich an Nektar zu laben.

LANDSCHAFTSPARK BELVEDERE

Zwischen Militärring, der A1, Gregor-Mendel-Ring und Freimersdorfer Weg liegt bezirkübergreifend eine vorwiegend ackerbaulich genutzte Fläche, die im Rahmen der „RegioGrün" von der Stadt Köln als Belvedere Landschaftspark ausgebaut wird. Teilweise ist dies schon geschehen, einige Flächen genießen als Landschaftsschutzgebiet oder geschützter Landschaftsbestandteil besonderen Schutzstatus. Inmitten des rund 300 Hektar großen Areals liegt das Max-Plank-Institut, das sich mit Pflanzenzüchtungsfragen beschäftigt. Vier Beobachtungsplattformen bieten hier mäßigen bis guten Blick auf das Gebiet und die Innenstadt samt Dom und Colonius. Mit dem Ausbau des Landschaftsparks Belvedere schließt sich eine weitere Lücke des Äußeren Kölner Grüngürtels, womit sich der Ring aus Natur um die Stadt weiter vervollständigt.

Wer auf der Belvedere Straße unterwegs ist, hat eher das Gefühl, irgendwo auf einer Bundesstraße durch niederrheinische Lande zu fahren. Die stadteinwärts gelegene Seite ist von Linden gesäumt, auf der anderen sieht man die bewirtschafteten Felder und die Autobahn. Besonders schön ist es zwischen den Feldern an Sommertagen. Hier wachsen Mohn und Kornblumen, die den Feldern rote und blaue Sprenkel verleihen. Überall findet man kleine zusammenhängende Wäldchen, die der verborgenen Tierwelt gute Rückzugsmöglichkeiten bieten. Denn die offene Landschaft ist vor allem Jagdrevier verschiedenster Greifvögel. Bussarde, Turmfalken und Milane sieht man stets am Himmel schweben oder auf den Feldern sitzen. Mit viel Zeit kann man auf gut ausgebauten Rad- und Spazierwegen den Landschaftspark durchwandern, muss jedoch beim Naturgenuss Abstriche in Sachen Ruhe machen, da der Lärm der Autobahn ein ständiger Begleiter ist.

WEIDENJUNGFER

Wissenschaftliche Bezeichnung:
Chalcolestes viridis

Erscheinung: Mit einer Größe von etwa 4 cm zählt die Weidenjungfer zu den kleineren Libellenarten. Ihr schmaler Körper besteht aus mehreren Segmenten, die beim Männchen grün, beim Weibchen eher bräunlich gefärbt sind. An den Enden der filigranen durchsichtigen Flügel sitzt jeweils ein brauner eckiger Fleck.

Nahrung: Kleinsttiere

Wissenswertes: Zur Paarungszeit finden sich zahllose Libellen an einzelnen Pflanzen nahe von Gewässern zusammen. Dazu bilden Männchen und Weibchen mit ihren Körpern eine Art Rad. Während der Paarung lassen sie sich nicht aus der Ruhe bringen, was es leicht macht, die Tier zu beobachten. Im Frühjahr schlüpfen aus den Eiern die Vorlarven, die sich im Wasser weiterentwickeln.

Lebensraum: Die Weidenjungfer ist eine Libellenart, die häufig an Tümpeln, Seen und langsam fließenden Gewässern vorkommt. Im Klettenbergpark sind im Herbst am gesamten Ufer zahllose Tiere zu sehen.

STADTBEZIRK RODENKIRCHEN

Kontrastreicher könnte ein Stadtbezirk kaum sein: Zahlreiche stillgelegte Kiesgruben in der Feldflur um Rondorf, Meschenich und Godorf haben sich zu traumhaften Landschaften entwickelt. Sobald man jedoch den Blick hebt und gen Horizont schweifen lässt, stechen qualmende Schlote und riesige Fabrikkomplexe der in der Nähe angesiedelten Ölkonzerne ins Auge. Im Norden reicht der 13 Stadtteile umfassende Bezirk bis an den Volksgarten und bildet dort mit dem Vorgebirgspark den Abschluss. Seine zentralen Naturoasen sind der Äußere Grüngürtel und der Forstbotanische Garten. Nicht einmal 2000 Rodenkirchener teilen sich einen Quadratkilometer – genügend Platz für viel Natur in zahlreichen geschützten oder öffentlich begehbaren Wäldern, Feldern und anderen Landschaftsformen.

RADEBERGER BRACHE

Eine der größten Brachflächen im innerstädtischen Bereich Kölns ist die Radeberger Brache. So brach, wie der Name klingt, ist das Gebiet aber gar nicht. Mittlerweile ist der schmale Streifen, der sich unterhalb des Bischhofsweges entlangzieht, zum Geschützten Landschaftsbestandteil deklariert worden und genießt somit einen gewissen Schutzstatus. Die Struktur des Bewuchses ist sehr abwechslungsreich und wird von Spaziergängern und Hundebesitzern durchaus geschätzt. Die Natur wuchert mehr oder weniger grenzenlos in die Breite und Höhe und wie so oft im Stadtgebiet dominiert auch hier die Brombeere. Wilder Wein (s. Foto rechts) rankt sich an den Stämmen von Buche, Ahorn und Eiche empor und verleiht den Bäumen vor allem im Herbst ein purpurrotes Farbenkleid. Flieder, Hagebutte und Königskerzen sorgen für eine bunte Note und einen gewissen Wildnisfaktor. Vereinzelt stehen auch Birken und Haselbüsche auf der Brachfläche.

Hier und da scheinen emsige Besucher die Wege eigens für ihre Spaziergänge freigeschnitten zu haben: Die gesamte Radeberger Brache ist von kleinen Pfaden durchzogen, teilweise überranken Kletterpflanzen die Wege, sodass man durch natürliche, grüne Laubengänge läuft. Im Dickicht der Büsche hat man fast das Gefühl, mitten im Dschungel zu stehen. Die Vögel, die ihre Melodien aus den Bäumen trällern, machen das Regenwalderlebnis nahezu perfekt. Wer aufmerksam ist und ein gutes Auge beweist, sieht Zilpzalp, Zaunkönig und Eichelhäher in den Zweigen sitzen, während über den Bäumen mit dem Mäusebussard ein alter Bekannter schreit. Insbesondere für Singvögel und

EICHELHÄHER

....

Wissenschaftliche Bezeichnung:
Garrulus glandarius

Erscheinung: Mit einer Spannweite von etwa 50 cm wird der zu den Krähenvögeln zählende Eichelhäher recht groß. Beide Geschlechter sind identisch gefärbt, haben ein rötlich braunes Gefieder und einen schwarzen Schwanz. Der hintere Teil des Rückens ist weiß. Auf den Flügeln befinden sich sowohl weiße Flecken als auch kleine, schwarz-blau gebänderte Federn, die dem Eichelhäher ein unverwechselbares Erscheinungsbild verleihen. Hinter dem Schnabel haben sie beidseits einen schwarzen, länglichen Fleck.

Nahrung: Insekten, Früchte, Nüsse, Samen, auch andere kleine Tiere

Wissenswertes: Der Eichelhäher ist ein guter Stimmimitator und kann verschiedene Vögel nachmachen. Im Herbst sammelt er unzählige Eicheln, die er für den Winter versteckt. Zwischen März und Juli erbrütet der Eichelhäher etwa fünf Eier.

Lebensraum: In fast allen Parks und Gärten ist der auffällige Vogel im Stadtgebiet zu finden, außerdem in den baumreichen Regionen am Stadtrand.

TAGPFAUENAUGE

Wissenschaftliche Bezeichnung:
Aglais io oder Inachis io

Erscheinung: Der ca. 5 cm große Schmetterling ist durch seine vier Augen auf den Flügeloberseiten unverkennbar. Seine Grundfarbe ist ein dunkles Rot, die Augen sind auf dem Vorderflügel blau und weiß, auf dem Hinterflügeln schwarz-blau. Die Flügel sind von einem dunklen Band umsäumt.

Nahrung: Das Tagpfauenauge sucht an vielen verschiedenen Blüten nach Nektar, es bevorzugt Disteln und Flieder sowie Brennnesseln.

Wissenswertes: Der Falter fliegt in zwei Generationen im Jahr und ist von Frühlingsanfang bis in den Spätherbst zu beobachten. Er legt seine Eier bevorzugt an Brennnesseln ab, da sich die Raupen von diesen ernähren.

Lebensraum: Der Schmetterling ist in der Wahl seines Lebensraumes recht anspruchslos und daher auf jeglichen Grünflächen zu finden, wo Futterpflanzen vorhanden sind.

Schmetterlinge wie das Tagpfauenauge bietet dieses vom Einfluss des Menschen fast verschonte Gebiet wunderbare Lebensbedingungen, Rückzugsmöglichkeiten und Brutstätten. Wer Zeit hat, sollte sich einfach über die Trampelpfade treiben lassen. Hier lohnt es sich, einen sehr frühen Morgen im Mai zu verbringen, denn wo so viele Kaninchen zu finden sind und Dutzende Baue den Boden löchern, kann der Fuchs nicht weit sein.

Was in Zukunft aus der Brachfläche werden wird, ist noch ungeklärt. Dass aber verschiedene Investoren ein Auge auf dieses Gebiet geworfen haben, bleibt bei der zentralen Stadtlage wohl unvermeidlich.

AMSEL

Wissenschaftliche Bezeichnung:
Turdus merula

Erscheinung: Mit ihren 35 cm Spannweite zählt die schlichte schwarze Amsel zu den mittelgroßen Singvögeln. Das Männchen ist schwarz gefiedert und hat einen gelben Schnabel sowie einen gelben Ring ums Auge. Das Weibchen ist unscheinbar graubraun mit einem braunen Schnabel.

Nahrung: Früchte, Regenwürmer sowie Insekten

Wissenswertes: Besonders gut kann man die Amsel beobachten, wenn sie frühmorgens über Wiesen hüpft und an Regenwürmern zerrt. Während der Dämmerung ist ihr wunderschöner Gesang überall zu hören. Zum Singen sucht die Amsel eine erhöhte Stelle, von der sie die Umgebung im Blick hat. Zwischen März und August erbrütet sie innerhalb von zwei Wochen bis zu fünf Jungvögel.

Lebensraum: Die Amsel ist überall zu beobachten, wo sie Nahrung finden kann. Im Kölner Stadtgebiet trifft man sie auf allen Grünflächen, Friedhöfen und in Parks an.

VORGEBIRGSPARK

Im Süden der Radeberger Brache schließt sich der schlichte und weitläufige Vorgebirgspark an, dessen „Potpourri" aus Laubgehölzen eine Wiesenfläche umfasst. Hier lässt sich eher „Natur light" genießen, denn wirklich bemerkenswerte Flora und Fauna gibt es kaum zu erleben. Es sind die allseits bekannten Vogelarten, die man beobachten kann: Elstern und Krähen machen sich über menschliche Abfallreste her, Tauben ziehen am Himmel vorbei, Amseln suchen auf dem Boden nach Würmern und Eichhörnchen klettern in den Bäumen umher. Das schlichte schwarze Federkleid der Amsel, die Weibchen sind sogar noch unauffälliger in ihrem eintönigen Braun, will gar nicht zu ihrem melodischen Gesang passen, der einem morgens auf dem Weg zur Arbeit aus den Baumkronen entgegenflötet. Nur ihr gelber Schnabel verleiht wenigstens dem Amsel-Mann einen zierlichen Farbtupfer.

Der Vorgebirgspark zeigt, dass auch schlichte Natur unter dem richtigen Blickwinkel schön sein kann, und so lässt sich hier der Farbenzauber genießen, den die aufgehende Sonne und der Herbst in die Landschaft malen. Erwähnenswert ist der streng symmetrisch angelegte Rosengarten im Südosten des Vorgebirgsparks. Neben verschiedenen Rosengattungen wachsen hier auch andere Arten, die noch spät im Jahr blühen und die letzten Falter, Hummeln und Bienen des Jahres anziehen.

ÄUSSERER GRÜNGÜRTEL MIT KALSCHEURER WEIHER

Im Stadtbezirk Rodenkirchen verläuft ein großer Teil des Äußeren Grüngürtels. Die Landschaft zeigt sich hier den übrigen Teilen des Grünzuges rund um Köln sehr ähnlich. Direkt ins Auge fallen die beiden sehenswerten Birkenhaine südlich des Kalscheurer Weihers. Mit ihren geraden weißen Stämmen heben sie sich deutlich vom Rest des umschließenden Baummantels von der Umgebung ab. Zentral gelegen bietet der Kalscheurer Weiher eine weitere Anlaufstation. In seiner Mitte birgt der See eine naturbelassene Insel, die heimischen Wasservögeln als Rückzugs- und Brutmöglichkeit dient. Fans von Schwänen sind hier goldrichtig: Bis zu 40 Stück der majestätischen weißen Vögel tummeln sich auf dem See. Fischreiher und Kormorane sind ebenfalls fast immer am Inselufer zu beobachten. Neben den häufig anzutreffenden Stockenten und Blesshühnern gibt es auf dem Kalscheurer Weiher ein vereinzeltes Tafelentenpaar zu sichten, das jedoch weitaus scheuer ist.

FORSTBOTANISCHER GARTEN UND FRIEDENSWÄLDCHEN

Den Gedanken und Wünschen Konrad Adenauers ist es zu verdanken, dass der Äußere Grüngürtel immer mehr zusammenwächst und nicht weiterer Bebauung weichen muss. Adenauer träumte von einem grünen Band, das Köln dort umsäumt, wo einst Befestigungsanlagen standen. Und so hat auch der Anfang der 1960er-Jahre eröffnete Forstbotanische Garten gemeinsam mit dem im Süden angrenzenden Friedenswald, der eigentlich das offenste Stück Landschaft in diesem Gebiet ist, seinen Teil dazu beigetragen, den Gürtel zu schließen. Rund 3000 verschiedene Baumarten aus aller Herren Länder wachsen im umzäunten Bereich des Forstbotanischen

Gartens. Mammutbäume aus den USA, Kirschen aus Japan, aber auch heimische Arten können hier in allen Variationen bestaunt werden. Besonders im Herbst funkelt das Laub wie im prächtigsten Indian Summer. Auf den großflächigen Wiesen des Friedenswäldchens wachsen länderspezifische Arten. Zu jedem Land, zu dem Deutschland diplomatische Beziehungen pflegt, gedeiht hier einer der typischen Baumvertreter.

Die Fauna im gesamten Gebiet ist eher artenarm. Zwar leben und nisten in den Baumkronen der unzähligen Arten jede Menge Singvögel, nur bekommt man diese selten zu Gesicht. Auffälliger sind da schon die großen Greifvögel, die ungehindert der vielen Besucher über den Wipfeln der Bäume und den Rasenflächen hin-

FAMILIENTIPP

Im Forstbotanischen Garten kommt bei Kindern sicher keine Langeweile auf. Besonders die schillernden Pfaue lassen selbst die Kleinsten innehalten und staunen. Und wer genug hat vom Spazieren, geht inmitten des Friedenswäldchen auf den gut bestückten Spielplatz mit feinem sauberem Sand und lässt die Kids sich noch einmal richtig austoben.

BLAUER PFAU

Wissenschaftliche Bezeichnung:
Pavo christatus

Erscheinung: Während Kopf, Hals und Brustbereich des Pfauenhahns schillernd blau sind, ist die Pfauenhenne in Grau-, Braun- und Weißtöne gekleidet. Das Männchen verfügt außerdem über bis zu 1,5 m lange, zarte Deckfedern über den Schwanzfedern, die „Augen" aufweisen. In der Balz stellt das Männchen diese Federn zu einem imposanten Rad auf. Dem Weibchen fehlen diese Federn. Beide Geschlechter tragen einen Kopfschmuck aus vereinzelten, bis zu 4 cm langen Federn, die nur an den Enden befiedert sind. Die kleineren Weibchen werden bis zu 4 kg schwer, die Männchen können bis zu 6 kg erreichen.

Nahrung: Getreide, Insekten, andere Kleintiere

Wissenswertes: Ursprünglich stammt der Blaue Pfau aus dem indischen Raum. Doch schon vor mehreren Tausend Jahren ist er als Ziervogel nach Europa importiert worden. In Indien lebt er im Regenwald und kommt in der Dämmerung auf offene Flächen zur Nahrungssuche. Pfauen leben polygam, ein Hahn hat mehrere Hennen. In ihrer Heimat sind sie eines der häufigsten Beutetiere für Tiger.

Lebensraum: In Köln ist der Blaue Pfau als Ziervogel im Forstbotanischen Garten angesiedelt worden.

wegschweben. Mit Sicherheit trifft man allerdings auf die prächtigen Pfauen, die im Forstbotanischen Garten beheimatet sind. Völlig entspannt zeigen sie sich den Besuchern und so kann man sich niederlassen, um die imposanten Tiere bei der Nahrungssuche zwischen Büschen und Wiesen zu beobachten. Die Tiere sind sehr standorttreu, das heißt, man stößt am ehesten in unmittelbarer Nähe ihres Geheges, das aus einer kleinen überdachten Hütte mit Futterplatz besteht, auf sie.

NATURSCHUTZGEBIET KIESGRUBEN MESCHENICH

Früher wurde hier Kies gebaggert, seit 1991 ist die Kiesgrube Meschenich Naturschutzgebiet. Schon die Anreise hat es in sich: An einem durchschnittlichen Wochentag bedarf es mindestens einer halben Autostunde aus der Innenstadt bis ins südlich gelegene Naturparadies. Für derlei Strapazen wird man aber gehörig entschädigt. Schon auf der oberen Terrasse des Gebietes stößt man auf eine Streuobstwiese, auf der verschiedene Arten gedeihen. Schnell dämmert es einem, warum dieses Fleckchen Köln zum Naturschutzgebiet erklärt wurde: Menschenleer ist es, die Natur scheint völlig intakt und ein Blütenmeer aus

---

FAMILIENTIPP

Finkens Garten

Schon seit 30 Jahren kann man in Finkens Garten auf rund fünf Hektarn Fläche der Natur ganz nah sein. Angelegt für kleine Kölner im Vorschulalter bietet der Garten verschiedenste Formen der Natur. Begrüßt werden die Besucher von einer großen Streuobstwiese, auf der zig verschiedene Apfelsorten wachsen. Rechter Hand findet sich eine Wildblumenwiese, die vor allem im späten Frühjahr und Sommer zum Erlebnis und zum Beobachtungsmagneten wird. Wenn unzählige Blüten in allen möglichen Farben leuchten und Schmetterlinge, Bienen und Käfer an den Blüten zu finden sind, werden die Pänz von Großstadtkindern zu Naturentdeckern. Ein Kürbisbeet, ein kleiner Teich und ein Waldstück komplettieren das Angebot.

Im Nasengarten können die Kinder erleben, wie die Natur riecht; Rosmarin, Oregano und viele andere Kräutergerüche finden hier den Weg in neugierige Kindernasen. Da riecht die eine Pflanze nach Kaugummi oder Gummibärchen, aber warum stinkt ein anderes Kraut nach Pipi? All diesen Fragen können Familien in Finkens Garten auf den Grund gehen und nach einem erlebnisreichen Nachmittag mit neuem Wissen rund um die Natur wieder in die Großstadtmetropole eintauchen.

REIHERENTE

Wissenschaftliche Bezeichnung:
Aythya fuligula

Erscheinung: Mit einer Länge von etwa 40 cm ist die Reiherente etwas kleiner als die allseits bekannte Stockente. Das Federkleid des Männchens ist zur Brutzeit dunkel bis schwarz mit einer weißen Flanke, im Sommer erscheint es deutlich matter. Sie hat gelbe Augen und einen unverkennbaren schwarzen Federschopf am Hinterkopf. Das Weibchen ist wie bei vielen Entenvögeln schlicht braun gefleckt.

Nahrung: Larven und Insekten, v.a. Muscheln

Wissenswertes: Die Reiherente lebt gesellig in kleinen Trupps zusammen. Sie sind sehr gute Taucher und können bis zu 30 Sek. unter Wasser bleiben. Zwischen Mai und September brüten sie bis zu elf Jungtiere aus.

Lebensraum: In Köln findet man stabile Populationen auf den Seen der Kiesgrube Meschenich und dem Pescher See (Stadtbezirk Chorweiler).

Hagebutte, Natternkopf und Königskerzen schmückt die offene Wiesenlandschaft, deren Ränder mit Büschen bewachsen sind. Alle paar Meter zeugen erkennbare Wildwechselspuren davon, was hier in der Nacht und Dämmerung alles los ist. Ob es nun Hasen, Kaninchen, Füchse oder andere Tiere sind, sieht man nicht auf den ersten Blick, klar ist jedoch, dass sich Säugetiere im Schutzgebiet häuslich eingerichtet haben. Und damit das so bleibt, sollen auch die meisten Teile des Geländes nicht betreten werden. Wer lange genug auf die grünen Halme der Wiesen starrt, der findet aber mit Sicherheit den gut getarnten Gemeinen Grashüpfer, der farblich mit seiner Umgebung verschmilzt.

Vereinzelte Pfade führen von der Streuobstwiese in die einige Meter tiefer gelegene Grasterrasse, wo Hagebutte und Flieder die Oberhand gewonnen haben. Wie auf einem Teppich geht man über das kurze Gras, das von lauter gelben Blüten gespickt ist. Ähnlich wie im Naturschutzgebiet Ginsterpfad (Stadtbezirk

GEMEINER GRASHÜPFER

Wissenschaftliche Bezeichnung:
Chorthippus parallelus

Erscheinung: Der kleine Grashüpfer (das Weibchen ist mit 22 mm rund ein Drittel größer als das Männchen) kommt in vielen verschiedenen Farbvarianten vor. Von grün-gelblich bis dunkelbraun. Die Flügel des Grashüpfers sind stark verkürzt, daher sind die meisten Arten nicht in der Lage zu fliegen.

Nahrung: Gräser, Kräuter

Wissenswertes: Grashüpfermännchen erzeugen durch das Reiben ihrer Beine am Flügel Laute: Dieses typische Zirpen verrät die Anwesenheit der Hüpfer. Die Weibchen legen ihre Eier am Boden ab, im Mai des Folgejahres schlüpfen die Larven. Durch die verschiedensten Grün-Braun-Töne sind die Grashüpfer bestens getarnt. Meist entdeckt man sie, wenn man vorsichtig durchs Feld läuft und darauf achtet, wohin sie gesprungen sind.

Lebensraum: Der Grashüpfer kommt in fast allen Wiesen vor. Daher ist er überall in Köln dort zu finden, wo Wiesenland ursprünglich erhalten ist.

Nippes) darf auch hier der Uferbereich der Kiesseen nicht betreten werden. Diese liegen, gut versteckt hinter undurchdringlichem Buschwerk, noch eine Terrasse tiefer. Der Uferbereich ist mit groben Kieseln bestückt, inmitten des Sees liegen zwei Inseln, die verschiedenen Wasservögeln Schutz bieten, die an den Ufern brüten. So hat zum Beispiel eine große Population Reiherenten hier eine letzte Rückzugsmöglichkeit auf Kölner Stadtgebiet gefunden.

Östlich der Kiesgrube Meschenich liegt das Naturschutzgebiet Am Vogelacker. Naturfans haben es allerdings nicht leicht, hier zum Zuge zu kommen: Zum einen überwuchert ein drei Meter hoher Wall aus Brombeeren das gesamte Gebiet wie Dornröschens Schloss und gewährt leider nicht einmal Einblick in das schützenswerte Stückchen Natur. Nur ein verschlossenes Tor durchbricht die Einöde der Beeren.

Zum anderen gibt ein Hinweisschild Auskunft darüber, dass sich das gesamte Gelände in Privatbesitz einer großen Industriefirma befindet und nicht betreten werden darf. Wer lange genug sucht, wird an dessen Nordseite schließlich doch noch belohnt. Ein abgesägter Kirschbaum liegt längs in den Brombeeren und dient als Platzhalter, um einen winzigen Pfad an den Rand des Gebietes offen zu halten. Von dort hat man zumindest einen Überblick über die Landschaft, die das Naturschutzgebiet prägt. Der nur wenige Fußballfelder große Talkessel ist nicht von Menschen beeinflusst, ein kleiner Rundweg führt um ein Biotop, das zu großen Teilen mit Schilf bewachsen ist. Besonders der unter Schutz stehende Teichrohrsänger findet hier eine Nische im Großstadtdschungel. Immer wieder sieht man ihn zwischen den Schilfhalmen mit schnellen Flügelschlägen auffliegen. Zahlreiche Libellenarten nutzen das Biotop für die Eiablage und als Kinderstube für ihren Nachwuchs.

STADTBEZIRK MÜLHEIM

Im Nordosten von Köln liegt der Stadtbezirk Mülheim. Über seine Grenzen hinaus sind die hiesigen Sehenswürdigkeiten der Natur nur wenig bekannt, dabei sprenkeln zahlreiche abwechslungsreiche Grünanlagen den Bezirk mit seinen neun Veedeln. Im Osten umschließen Dünnwalder- und Thurnerwald sowie der Thielenbruch die Stadtgrenze. Gleich sechs Naturschutzgebiete liegen innerhalb der Grenzen des Bezirks. Geprägt von Artenreichtum, außergewöhnlicher Natur und wenig besuchten grünen Oasen liegen die Ausläufer des Bezirkes schon auf der Bergischen Heideterrasse, von der leider nur wenig Raum von Bebauung verschont geblieben ist. Kaum irgendwo lädt die Kölner Natur ihre Fans zu intensiveren und ungestörteren Momenten mit sich ein.

NATURSCHUTZGEBIET DELLBRÜCKER HEIDE/ HÖHENFELDER SEE

Eine der wenigen übrig gebliebenen Freiflächen der Bergischen Heideterrasse ist das Naturschutzgebiet Dellbrücker Heide, das mit seinen knapp 40 Hektar Ausdehnung zwar überschaubar ist, aber dennoch eine vielfältige Landschaft bietet und zahlreiche gefährdete Tierarten beheimatet. Die offenen Heideflächen sind von nur wenigen Wegen durchzogen. Ginster, Heide und Traubenkirsche wachsen auf dem ehemaligen Truppenübungsgelände, wobei man Letztere hier gar nicht gern sieht: Im Nu bildet sie dichtes Buschwerk, das die Heide überwuchert und verschwinden lässt. Mit Schafen, Mähgeräten und Manpower rückt man ihr daher zu Leibe.

Umsäumt wird das Gebiet von Buschwerk und Birken, hier und da stehen vereinzelte Nadelbäume. Die Bäume inmitten der Heidelandschaft bieten vielen Arten Verstecke und Nistmöglichkeiten. Hier leben Reptilien wie die Zauneidechse (s. Foto oben) und die Blindschleiche sowie zahlreiche Tiere, die in deren Beutespektrum passen. Unter den Käfern in schillernden Rot-, Grün- und Blautönen sticht vor allem der Pappelblattkäfer mit seinen feuerroten Flügeldecken ins Auge. Schmetterlinge wie der Pantherspanner und das Große Ochsenauge sind aus dem Gebiet nicht wegzudenken. Libellen und andere Insektenarten tummeln sich auf engstem Raum. Sie finden in der offenen Landschaft

ideale Bedingungen, ebenso wie Bussarde, Turmfalken und der Habicht. Der westliche Teil des Naturschutzgebietes ist von einem alten Baggersee geprägt, dessen steile Ufer fast zur Hälfte aus Sand bestehen. Diese sollte eigentlich niemand betreten, um die selten gewordene Wechselkröte zu schonen. Leider halten sich daran nur die wenigsten. Molche, Frösche und Kröten wie die Erdkröte (s. Foto rechts) leben im See, an dessen Rändern finden sich Schwanzmeisen und andere Schilfbewohner.

Der nördlich gelegene Höhenfelder See gehört zwar nicht mehr zum Naturschutzgebiet, ist aber nur einen Steinwurf weit von diesem entfernt und ebenso artenreich wie die Heide. Das Betreten der Uferzone ist hier erlaubt und so herrscht immer viel menschlicher Freizeitverkehr. Vielerorts findet man leider achtlos weggeworfene Abfälle, die Wasservögel scheint dies jedoch wenig zu stören. Neben den bekannten Arten kann man mit Glück Haubentauber bei der Jagd beobachten, auch Graugänse haben den See für sich entdeckt und hin und wieder findet man auch exotischere Entenarten als die Stockente. Selbst Wildschweine kommen bis an die Ufer des Sees.

GROSSES OCHSENAUGE

....

Wissenschaftliche Bezeichnung:
Maniola jurtina

Erscheinung: Der Gesamteindruck des Ochsenauges ist eher eintönig braun. Bei genauerem Betrachten erkennt man jedoch die fein strukturierten Flügel mit orangen und gelben Anteilen. Auf dem Vorderflügel befindet sich ein schwarzer Augenfleck.

Nahrung: Blütennektar

Wissenswertes: Der Schmetterling flattert auf rastloser Suche nach Nektar von einer Wiesenblume zur nächsten. Zwischen Juni und September fliegt das Große Ochsenauge in einer Generation. Die Eier werden bodennah abgelegt. Die Raupen überwintern, bevor sie sich im Frühjahr des Folgejahres verpuppen.

Lebensraum: Das Ochsenauge gehört zu den typischen Faltern im Kölner Raum und ist auf Wiesen und in Wäldern nahezu in allen Naturschutzgebieten zu finden. Man kann es häufig auf Disteln sitzend beobachten.

PANTHERSPANNER

Wissenschaftliche Bezeichnung:
Pseudopanthera macularia

Erscheinung: Der Pantherspanner zählt
mit einer Flügelspannweite bis zu 28 mm
zu den kleineren Schmetterlingsarten
und ist durch seine intensiv orangegelbe
Färbung mit schwarzen Flecken schnell zu
entdecken. Der fransige Rand der Flügel ist
ebenfalls schwarz gefleckt.

Nahrung: Blütennektar

Wissenswertes: Zwischen Mai und Juli
fliegt eine Generation des Pantherspan-
ners in unseren Breitengraden. Die Raupen
überwintern.

Lebensraum: In Köln ist der Pantherspanner in erster Linie in der Dellbrücker Heide
zu finden.

PAPPELBLATTKÄFER

Wissenschaftliche Bezeichnung:
Chrysomela populi oder Melasoma populi

Erscheinung: Der Pappelblattkäfer ist durch seine knallroten Flügeldecken unverwechselbar. Er wird ca. 1 cm groß. Kopf, Halsschild, Beine und Fühler des Käfers erscheinen sehr dunkel bis schwarz.

Nahrung: Pappel- und Weidenblätter

Wissenswertes: Bis zu drei Generationen des roten Käfers treten jährlich auf. Zwischen Oktober und April überwintert er gut geschützt im Boden. Etwa 60 Eier legen die Weibchen an Wirtspflanzen (Pappeln und Weiden) ab. Schon nach etwa einer Woche schlüpfen die Larven.

Lebensraum: Der Pappelblattkäfer kommt in Auenwäldern und überall dort vor, wo seine bevorzugten Wirtspflanzen wachsen.

Wer mit Pänz im Rechtsrheinischen Natur erleben und seinen Kindern nicht nur Wald, Wiese und Bachlauf zeigen möchte, kommt im Dünnwalder Wildpark voll auf seine Kosten. Wildschweine kommen bis ganz nah ans Gatter heran, Dam- und Muffelwild lässt sich ebenfalls gut beobachten. Besondere Attraktion sind für Groß und Klein sicherlich die Wisente, die bis vor einigen Hundert Jahren auch in großen deutschen Waldgebieten zu Hause waren. Zwischendurch können die Kleinen am Ufer des Mutzbaches spielen und sich von der Safari erholen.

NATURSCHUTZGEBIET OBERER MUTZBACH

Nicht einmal fünf Hektar nimmt das Naturschutzgebiet Oberer Mutzbach zwischen Dellbrück und Dünnwald am äußersten Stadtrand Kölns, nahe der Diepeschrather Mühle, ein. Nördlich des Höhenfelder Sees gibt es gute Parkmöglichkeiten auf dem Kalkweg. Von hier aus lässt sich das Gebiet in ausgiebigen Spaziergängen erkunden. Der Weg führt vorbei an einer Freifläche, an deren nördlichem Ende ein kleiner Teich liegt. Wer dem Wanderweg in Richtung Diepeschrather Mühle folgt, stößt nach kurzer Zeit auf eine Brücke, die über den Mutzbach führt. Auf Wegen wie diesem ist reger Verkehr: Jogger, Spaziergänger und Hundebesitzer vertreten sich hier die Beine.

Mit einer Breite von drei Metern gehört der Mutzbach zu den größten Bächen auf Kölner Stadtgebiet. Der Erlenauenwald reicht an weiten Stellen bis an den Bachlauf heran, aber auch Buchen nehmen große Teile ein und Nadelgehölze mischen sich ebenfalls immer wieder unter die Bäume. Das merkt man vor allem, wenn man sich hinter der Brücke rechts hält und auf einem der kleineren Wege ins Unterholz eintaucht. Der Geruch von frischem Harz steigt einem hier in die Nase, bevor man eine kleine, mit mannshohem Fingerhut bewachsene Lichtung betritt.

Offene Landschaft, Bachlauf und Mischwald, das Schutzgebiet versammelt alles, womit die Natur in unseren Breiten punkten kann. Wildschweine und Rehwild sind die größten Waldbewohner. Sämtliche Spechtarten hört man im Wald rufen oder an die Stämme trommeln und im oben erwähnten Tümpel fühlen sich Amphibien sowie Graugänse sichtlich wohl. Am Ufer des Sees lohnt eine kurze Rast, um die Natur zu genießen.

Besonders schön ist es am Mutzbach selbst. Auf der südlichen Seite des Bachs verläuft ein kleiner Trampelpfad direkt am Ufer entlang und führt in eine verwunschene Landschaft aus Moos, Totholz und glucksendem Bach. Hier kann man an sonnigen Stellen noch solch seltene Libellenarten wie die Gebänderte Prachtlibelle zu Gesicht bekommen. Im Frühjahr muss man aufpassen, wohin man seine Füße setzt, denn Abertausende Erdkröten bevölkern die Ufer. Mistkäfer kreuzen die Wege und über allem liegt der niemals verstummende Gesang der heimischen Singvögel. Im Naturschutzgebiet Mutzbach zeigt sich die Kölner Natur von ihrer schönsten Seite.

GRAUGANS

· ·

Wissenschaftliche Bezeichnung:
Anser anser

Erscheinung: Mit einer Spannweite von bis zu 170 cm zählt die Graugans zu einer der größten Vogelarten im Stadtgebiet. Sie ist grau-weiß mit dunkelbraunen Gefiederanteilen, v.a. an den Enden der Flügel und am Schwanzgefieder. Die Brust- und Unterseite ist heller gefärbt. Ihr Schnabel ist hellorange, die Beine schimmern rosa.

Nahrung: pflanzliche Nahrung an Land und im Wasser

Wissenswertes: Die Graugans lebt oft in großen Kolonien zusammen. Hier in Köln sind mittlerweile viele Tiere heimisch, als Wintergäste kommen sie bis an den Niederrhein. Auf ihrem Weg dorthin fliegen sie in Pfeilformation. So sparen die Tiere Kraft, da sie im Windschatten des Vordermannes fliegen. Sie brütet von März bis Juli vier bis sechs Eier aus.

Lebensraum: Eine größere Kolonie Graugänse kann man an dem kleinen Teich südlich des Naturschutzgebietes Oberer Mutzbach und am Höhenfelder See finden.

NATURSCHUTZGEBIET THIELENBRUCH UND THURNER WALD

Nördlich und südlich der Paffrather Straße erstreckt sich das rund 60 Hektar große geschützte Gebiet Thielenbruch und Thurner Wald. Unter Schutz steht es vor allem aufgrund seiner in Köln sehr seltenen Moorstruktur, auf der seltene Pfeifengraswiesen und Auenwälder optimal gedeihen können. Wild und verwunschen erscheinen diese: Moosüberwuchertes Totholz liegt auf dem Waldboden, wo Bäume – Ahorn, Eichen, Birken und Erlen – fallen, bleiben sie liegen und bilden neuen Lebensraum. Da ist es schon ein wenig schade, dass lediglich ein begehbarer Weg durch den Wald führt, alle anderen sind gesperrt. Zwar dient das dem Schutz der Natur, aber wie soll man die Natur schützen, wenn man sie nicht einmal kennt, versteht und sieht, was alles schützenswert ist?

Schon von der Paffrather Straße sieht man im Winter durch die lichten Bäume zwei wunderschöne, naturnahe Seen glitzern, die im Sommer mit Seerosen nahezu komplett bedeckt sind. Das beantwortet auch die Frage, warum überall der Zaun heruntergetreten ist und Schleichpfade an die Ufer führen. Schwarzangler kommen immer wieder an die fischreichen Tümpel, aber auch Libellenfreunde, denn die Seen sind ein wahres Paradies für die zartgliedrigen Tiere und beheimaten mehr als ein Dutzend verschiedene Arten wie zum Beispiel die Hufeisenazurjungfer.

Auch wenn man auf den öffentlichen Wegen bleibt, bekommt man eine gute Vorstellung davon, wie es tief im Inneren des Naturschutzgebietes ausschauen mag. Dichte Hecken wechseln immer wieder mit von Farn überwuchertem Areal ab, hier und da öffnet sich eine kleine Lichtung, auf denen in der Dämmerung bestimmt Rehwild anzutreffen ist. Auch Wildschweine fühlen sich hier wohl, wie man aus ihren Aufbruchspuren am Wegesrand schließen kann. Ein steter Begleiter ist der Gesang der Vögel hoch in den Baumkronen, das Hämmern der Spechte und das Kratzen der Eichhörnchen an den Stämmen der Bäume. Seltener bekommt man die Waldschnepfe zu Gesicht, denn ihr graubraunes Gefieder und ihre geduckte Körperhaltung lassen sie auf dem Waldboden nahezu unsichtbar werden. Typisch für die Schnepfe sind ihr langer, gebogener Schnabel und die gedrungene Gestalt. Dieser Vogel benötigt besonderen Schutz, denn es gibt kaum noch Gebiete in Köln, in denen er vorkommt.

Wer nach einem Spaziergang durch das Naturschutzgebiet noch Lust und Zeit auf mehr hat, kann gleich in nordwestlicher Richtung weiter bis zur Dellbrücker Heide und zum Oberen Mutzbach wandern.

NATURSCHUTZGEBIET AM HORNPOTTWEG

Etwas versteckt liegt das Naturschutzgebiet an der äußersten Ostgrenze Kölns. Nur einen Schritt weiter beginnt schon Leverkusen. Hier sind die Ausläufer des Kölner Stadtgebietes von Wald geprägt. Den besten Zugang hat man vom Parkplatz gegenüber der U-Bahn-Haltestelle Schlebusch aus. Ein kleiner Pfad führt direkt auf den zentral gelegenen See zu, der Weg zum Ufer bleibt jedoch leider versperrt, da der gesamte Bereich nicht betreten werden darf. Dafür kann man auf der Abbruchkante um das gesamte Biotop herumlaufen, die hochgewachsenen Sträucher geben allerdings nur selten einen Blick auf den See und dessen tierische Bewohner frei.

Wo man einen dieser Ausblicke erhaschen kann, eröffnet sich ein traumhaftes Panorama. Bis vor einigen Jahrzehnten wurde hier noch Kies gebaggert, mittlerweile hat sich das Landschaftsbild drastisch verändert: Wo früher schwere Maschinen mit großen Schaufeln den Kies abgetragen haben, wachsen heute Birken, Weiden und andere Bäume am Ufer des Sees. Von oben hat man einen guten Blick in die alte Kiesbaggerei. Aus dem Wasser ragen bewachsene Inseln, mehrere seichte Randseen bieten zahlreichen Wasservögeln beste Brut- und Rastmöglichkeiten.

Der Wald um das Gewässer ist von Eichen dominiert, aus dem die Gesänge der städtischen Vogelarten dringen. Wer Zeit mitbringt und in Sachen Vogelstimmen Ahnung hat, kann hier auch seltene Arten wie den Grün-, Grau- und Schwarzspecht aufspüren. Meist verraten nur ihre Stimmen ihre Anwesenheit, während die Vögel selbst im Blätterdach verborgen bleiben. Unten am See kann man mit etwas Glück den Ruf des Eisvogels hören, vielleicht sogar das blaue Gefieder im Flug aufblitzen sehen. Silberreiher kommen zumindest als kurzzeitige Gäste an den Hornpottweg, während Gänse, Haubentaucher und Kormorane ganzjährig am See vertreten sind.

NATURSCHUTZGEBIET AM GRÜNEN KUHWEG

Nur wenige Gehminuten sind es vom Parkplatz „Am Grünen Kuhweg" bei der Abbiegung „Am weißen Mönch" zum Naturschutzgebiet Am grünen Kuhweg. Schon auf dem asphaltierten Grünen Kuhweg fällt am Wegesrand der abwechslungsreiche Bewuchs auf: Ahorn, Eschen, Buchen und Pappeln stehen hier Seite an Seite. Rechts hinter der Brücke befindet sich ein Beobachtungsposten, von dem aus man einen wunderbaren Blick auf den hiesigen See genießen kann. Vorausgesetzt irgendjemand kümmert sich um den Beschnitt der vorgelagerten Büsche.

Das weit unter dem Niveau der Straße gelegene Ufer ist von unterschiedlichster Flora bewachsen. Pappeln nehmen einen großen Teil ein, Birken und – am südlichen Ufer – Weiden stehen bis nah ans Wasser. Wo Platz ist, bilden Schilfgürtel geschützte Barrieren für Wasservögel. Auf dem See selbst herrscht Hochbetrieb: Dutzende Haubentaucher, Blesshühner und Reiherenten haben hier eine Heimat gefunden. Knapp über dem Wasser fliegen Kormorane, die die hohen Bäume ansteuern, um dort ihre Flügel zu trocknen. Leider ist das Betreten des Uferbereichs verboten, sodass man die Tiere eher aus der Ferne bewundern kann.

SILBERREIHER

Wissenschaftliche Bezeichnung: Casmerodius albus

Erscheinung: Der Silberreiher ähnelt seinem Verwandten, dem Graureiher, im Körperbau. Er hat ein komplett weißes Gefieder, einen s-förmig gebogenen Hals und einen langen, spitzen gelborangen Schnabel. Seine langen Beine sind beinahe schwarz.

Nahrung: Wassertiere, überwiegend Fische und Amphibien

Wissenswertes: Zur Paarungszeit tragen Silberreiher lange weiße Schmuckfedern, die sie ähnlich dem Pfau zum Rad aufstellen können. Gut versteckt baut der Silberreiher im Schilf große Nester aus ebendiesem. Einmal jährlich kommen etwa vier Jungtiere zur Welt.

Lebensraum: In Köln kann man den Silberreiher zumindest zeitweise bewundern, wenn er als Gast ins Naturschutzgebiet Am Hornpottweg kommt.

Südlich der Straße Grüner Kuhweg, zwischen Autobahn und Bahntrasse, hat sich die Natur ein Stück „Menschengemachtes" zurückerobert. Der asphaltierte Platz, auf dem hier und da noch weiße Fahrbahnmarkierungen zu sehen sind, wird langsam, aber stetig von Blumen, Pappeln und anderen Pflanzen eingenommen. Hier wachsen Königskerzen, Leinkraut, Natternkopf und Jakobsgreiskraut. Vielerorts ist der Asphalt schon aufgebrochen und bietet Moosen und Gräsern eine neue Lebensstätte.

HUFEISENAZUR-JUNGFER

....

Wissenschaftliche Bezeichnung:
Coenagrion puella

Erscheinung: Charakteristisch für die bis zu 3 cm große Libelle ist ihr sehr schlanker, pfeilförmiger Körper. Ihre Flügel sind durchsichtig, ihr Körper ist mit schwarzen Querbinden versehen. Die Männchen der Hufeisenazurjungfer schimmern blau, die Weibchen grün-gelblich. Hinter dem Kopf trägt die Libelle einen hufeisenförmigen Fleck (Name).

Nahrung: Mücken, Larven und Fliegen, aber auch ihre eigenen Artgenossen

Wissenswertes: Zur Paarungszeit sieht man vielerorts Männchen und Weibchen eng umschlungen, teilweise sogar fliegend. Das Weibchen hält während der Eiablage das Männchen fest im Griff. Die Hufeisenazurjungfer zählt zu den häufigsten Kleinlibellen im Kölner Stadtgebiet.

Lebensraum: Die Hufeisenazurjungfer kommt an vielen stehenden oder langsam fließenden Gewässern vor. In Köln findet man sie in allen Naturschutzgebieten, in denen Seen liegen.

Nach langen Regentagen bleiben in einigen Senken Pfützen stehen, an dessen Ufern sich sogar die Libellen paaren. Diverse Weichtiere und Schmetterlinge haben sich das Gebiet wieder zu eigen gemacht. Auf dem umläufigen Erdwall findet man große, verwaiste Fuchsbaue, die darauf schließen lassen, dass Meister Reineke hier im Frühjahr seinen Nachwuchs aufzieht. Selbst Zauneidechsen kann man dabei beobachten, wie sie sich auf dem Asphalt in der Sonne wärmen.

VON-DIERGARDT-SEE

Kurz vor dem Ende des Goffinewegs führt ein Radweg in Richtung Norden. Entlang des Weges wachsen aufgeforstete Kiefern. Farn bedeckt weite Teile des Waldbodens. An den Kiefernwald schließt sich rechter

ZAUNEIDECHSE

....

Wissenschaftliche Bezeichnung:
Lacerta agilis

Erscheinung: Die Zauneidechse wird bis zu 20 cm lang. Männchen und Weibchen unterscheiden sich in ihrer Färbung. Auf dem Rücken tragen beide Geschlechter einen dunklen Streifen, der von zwei helleren flankiert wird. Die Männchen leuchten (v.a. in der Paarungszeit) smaragdgrün, die Flanken der Weibchen sind bräunlich. Hellere und dunklere Flecken zeichnen das Schuppenkleid beider Geschlechter. Ihr Körper wirkt eher plump, der Kopf der Echse ist relativ groß, ihr Schwanz etwa so lang wie ihr Körper.

Nahrung: Würmer, Insekten, Spinnentiere

Wissenswertes: Die Zauneidechse ist zwischen März und Oktober zu beobachten. In der Winterzeit hält sie Winterruhe. Als wechselwarmes Tier muss sie sich in der Sonne aufwärmen, daher findet man sie häufig auf erhöhten Baumstämmen und Steinhaufen. Bei Gefahr kann die Eidechse ihren Schwanz abwerfen, um ihre Fressfeinde zu verwirren oder sich aus deren Griff zu befreien. Der Schwanz wächst, kürzer und farblich verändert, wieder nach. Im August schlüpfen aus den Eiern in Bodenverstecken bis zu zehn Jungtiere.

Lebensraum: In Köln ist die Zauneidechse das häufigste Reptil. In der Wahner Heide und Dellbrücker Heide, in den Kiesgruben Gremberghoven (Stadtbezirk Porz) und im Naturschutzgebiet Am Grünen Kuhweg kann man sie an warmen Tagen besonders gut beobachten.

Hand ein junger Buchenwald an. Dünne Baumstämme drängen sich hier auf jedem Quadratmeter. Links gibt es das Pendant dazu aus Eiche. Wer dem Weg auf dem Köln Pfad nach links folgt, steht nach wenigen Schritten am südlichen Ufer des Von-Diergardt-Sees. Weit und breit sind keine Schilder zu sehen, die ein Betreten verbieten, und so hindert einen nichts daran, das sandige Ufer hinabzusteigen.

Von hier aus schaut man direkt auf die nördliche Stadtgrenze Kölns in Richtung Leverkusen. Fast 300 Meter Sandstrand findet man am See. Dafür, dass er so stark frequentiert wird, liegt erstaunlich wenig Müll am Ufer. Nur einige Feuerstellen zeugen von menschlicher Anwesenheit. Wundersam, dass trotzdem nur wenige Wasservögel – Schwäne, Blesshühner und Stockenten – auf dem See zu Hause sind. Nicht einmal der Lärm der Autobahn kommt dem Besucher zu Ohren, dafür hört man auf den Wegen zwischen See und Goffineweg immer wieder den Buntspecht an die Kiefern trommeln. Zwischen den Stämmen kann man Eichhörnchen beobachten, die geschickt in den Ästen turnen, und vielleicht erspäht man zwischen den Baumreihen sogar auch mal Rehwild.

STOCKENTE

Wissenschaftliche Bezeichnung:
Anas platyrhynchos

Erscheinung: Männchen und Weibchen sind sehr unterschiedlich gefärbt: Charakteristisch für das Männchen ist der grüne Kopf mit gelbem Schnabel, der durch eine weiße Binde vom grau-schwarz-weiß-blauen Gefieder abgesetzt ist. Das Weibchen ist unscheinbar braun-schwarz gefleckt mit blauer Flügelbanderole. Der Schnabel des Weibchens ist orange. Gemein haben beide Geschlechter die orangen Beine.

Nahrung: Insekten und Larven, Wasser- und Landpflanzen

Wissenswertes: Die Stockente ist bestens an das Leben in der Stadt angepasst und hat jegliche Scheu vor dem Menschen verloren. Das liegt wohl v. a. daran, dass sie ununterbrochen von diesem gefüttert wird. Enten legen mehr als zehn Eier, wobei sich nur das Weibchen um die Brut und Aufzucht der Jungtiere kümmert. Dies geschieht zwischen Frühling und Herbst.

Lebensraum: An allen Gewässern im Kölner Raum, teilweise brüten die Stockenten sogar in großen Gärten und auf Balkonen.

BLESSHUHN

Wissenschaftliche Bezeichnung:
Fulica atra

Erscheinung: Das Blesshuhn wird ca. 35 cm lang. Sein Gefieder ist komplett schwarz, nur der Schnabel und der damit verbundene Stirnfleck sind weiß. Die Beine sind hell.

Nahrung: Wasserpflanzen und Kleinsttiere, die im Wasser leben

Wissenswertes: Charakteristisch für das Blesshuhn ist die ruckartige Schwimmbewegung, bei der der Kopf vor und zurück geschoben wird. Zwischen März und Juli erbrütet es bis zu acht Jungtiere, die mit struppigem Gefieder und roten Köpfen aus dem Ei schlüpfen. Blesshühner sind sehr gute Taucher.

Lebensraum: In Köln ist das Blesshuhn auf nahezu jeder Wasserfläche zu finden. Auch im Stadtinneren, z.B. im Volksgarten- oder dem Blücherparkweiher (Stadtbezirke Innenstadt und Nippes), kann man die Art beobachten.

KALK

STADTBEZIRK KALK

Immerzu wird über Kalk gespottet. Dabei können 110 000 Einwohner mit der Wahl ihrer Veedel gar nicht so falsch liegen. Neun Stadtteile bilden den dicht besiedelten und mit wenig Rücksicht auf die Natur bebauten Bezirk Kalk. Mit dem Königsforst kann sich dieser aber eines der größten und ansehnlichsten Naturschutzgebiete Kölns rühmen. Dazu kommen die Merheimer Heide, die Brücker Hardt und das Gremberger Wäldchen, die als grüne Oasen im Stadtgetümmel liegen. Das Besondere in Kalk sind jedoch die Menschen, die hier mit und in der Natur und deren Bewohnern leben. So wird beispielsweise ein Großteil der entlaufenen Haustiere von hiesigen Feuerwehrleuten gerettet. Außerdem: Welcher Stadtbezirk kann schon von sich behaupten, dass er frei lebende Hirsche beheimatet? – Kalk kann!

NATURSCHUTZGEBIET KÖNIGSFORST

Schon zur Eisenzeit siedelten im geschichtsträchtigen Königsforst die ersten Menschen auf dem Gebiet des heute fast 1000 Hektar umfassenden Naturschutzgebietes. Von ihrer Existenz zeugen noch vereinzelte Hügelgräber. Mal in kaiserlicher Hand, mal Teil des Erzbischoftums wechselte der Königsforst oft seine Besitzer. Unter Napoleon hat der alte Wald gelitten, da viele der großen Bäume gefällt wurden. Irgendwann wurde er preußisch, im Zweiten Weltkrieg war er militärisches Sperrgebiet. Heute ist er zum Vogel- und Naturschutzgebiet erklärt und bietet ausreichend Platz für ruhesuchende Städter.

Der Königsforst hat viele Gesichter: Seit Jahrhunderten wächst und gedeiht der Wald an vielen Stellen, wie es ihm gefällt. Er wirkt zu einem Großteil ursprünglich – vielerorts liegt Totholz –, auch wenn es einige Flächen gibt, die frisch aufgeforstet wurden. Dies sorgt aber eher für Abwechslung als für Langeweile. Immer wieder wechseln Laub- und Nadelbäume einander ab. Alte bemooste Birken stehen zwischen Ahorn zur einen Seite des Weges, während auf der anderen Seite Fichten in den Himmel ragen. Letztere dominieren ganze Waldstücke und geben dem Wald etwas Zauberhaftes. Immer wieder gehen hier Schleichwege von den Hauptwegen ab, um an versteckten Lichtungen zu enden, auf denen sich in der Dämmerung Wildtiere einfinden. Am Ende der Wege stößt man meist auf einen Hochsitz, der Jägern als Beobachtungsposten dient. Sogar sumpfige Gebiete kann der Königsforst aufweisen, der vielen Arten einen Lebensraum bietet. Das dichte Laubdach lässt nur wenig Sonnenlicht auf den vielerorts nur spärlich bewachsenen Boden durchdringen. Wo Brombeeren Platz am Wegesrand gelassen haben, bedeckt Farn den Waldboden.

ROTWILD

....

Wissenschaftliche Bezeichnung:
Cervus elaphus

Erscheinung: Männliche (Hirsche) und
weibliche (Kahlwild) Tiere lassen sich durch
ihre Größe gut voneinander unterscheiden,
den Hirsch schmückt ein bis zu 8 kg schwe-
res Geweih. Im Frühjahr wirft er dieses ab,
um Platz für ein neues zu schaffen, das sich
bis zur Brunft (Paarung) im Herbst voll-
ständig entwickelt hat. Hirsche werden in
unseren Breiten bis zu 150 kg schwer, das
Kahlwild ist deutlich leichter. Das Sommerfell des Rotwilds ist rotbraun, im Winter ist
das Fell gräulich braun. Die Kälber haben
weiße Flecken im Fell.

Nahrung: Kräuter, Gräser, Knospen, Rinden, auch Getreide

Wissenswertes: Das ausschließlich däm-
merungs- und nachtaktive Rotwild lebt
sehr zurückgezogen und ist nahezu nie
im Wald zu beobachten. Das gelingt meist
nur während der Brunftzeit an sogenannten Brunftplätzen. In dieser Phase nehmen die Tiere den Menschen nicht mehr
so stark wahr wie sonst üblich. Zwischen
Mitte September und Mitte Oktober findet
die Paarung statt, wobei die Hirsche durch
Röhren das Kahlwild für sich zu gewinnen
versuchen. Nach erfolgreicher Paarung
bringen die weiblichen Tiere nach ca. 34
Wochen im Mai/Juni ein Kalb (Jungtier)
zur Welt.

Lebensraum: Ursprünglich war das Rotwild
ein Steppenbewohner. Erst durch die inten-
sive Landwirtschaft und die zunehmende
Bejagung ist es in den Wald geflüchtet. Es
zieht große, zusammenhängende Waldgebiete mit ausreichend Nahrungsangebot
und ruhigen Lichtungen vor. In Köln gibt
es Rotwild in der Wahner Heide und dem
Königsforst.

Immer wieder trifft man auch auf einen der zahlreichen Bäche, die mal am Wegesrand mitfließen, mal den Weg des Besuchers kreuzen. Geschulten Augen werden die vielen Stellen, an denen das Wild die Wanderwege kreuzt (Wildwechsel), auffallen. Platt gedrückte und abgeknickte Äste, Fährten und ausgetretene Pfade verraten die Anwesenheit der Tiere. Nicht weit davon entfernt wirkt der Boden am Wegesrand wie mit dem Spaten umgepflügt, ein untrügliches Zeichen, dass hier Wildschweine in den vergangenen Nächten nach Eicheln, Pilzen oder Getier gesucht haben. Nicht nur ihnen, auch Rotwild, Dachsen, Füchsen und Rehen bietet der Königsforst ein intaktes Ökosystem, in dem genügend Platz und Rückzugsmöglichkeiten für sie vorhanden sind.

TIPP

Natur erleben

Wer Rehwild beobachten möchte, muss Zeit und Geduld mitbringen und sollte es sich gut getarnt am Rande einer der jungen Schonungen bequem machen. Bei ausreichend vorhandenem Sitzfleisch wird man früher oder später mit dem Anblick von äsenden (fressenden) Rehen belohnt, die zwischen den jungen Bäumen Ruhe und Schutz finden. Hier, wo der Wald so unecht wirkt, fühlen sich die Tiere am sichersten und verhalten sich dementsprechend weniger schreckhaft. Um sie nicht zu stören, empfiehlt es sich, direkt am Wegesrand zu verharren und nicht in die aufgeforsteten Flächen hineinzugehen. Aber wehe, man atmet einmal zu tief ein oder raschelt mit seiner Jacke. Schon hat das Rehwild den Beobachter spitz bekommen und ist auf und davon.

Wer zum ersten Mal an den Rather Weiher kommt, wird vielleicht ein bisschen enttäuscht sein. Auf der Karte wirkt der kleine Tümpel versteckt und interessant. Mitten im Wald gelegen, ist er jedoch vom Wanderweg aus direkt anzusteuern. Der kleine See verrät sich zudem schon von Weitem durch das stete Glucksen der Ablaufanlage, die nicht gerade attraktiv zu Füßen des Rastplatzes aufgebaut wurde. Eine kleine Insel, dicht bewachsen mit Brombeersträuchern, liegt mitten im Teich. Hier und da ragen Seerosenfelder aus dem Wasser. Das Lebendigste auf dem Teich ist wohl die Plastikente, die je nach Windrichtung an einem der Ufer zu finden ist. Bezaubernd wird der See im Winter, wenn die Oberfläche gefroren ist und die Ufer mit feinem Schnee überzogen sind. Der lichte Wald, dessen Bäume alle Blätter verloren haben, kontrastiert mit ihrer weißen Decke. Das Schönste ist die Stille. Dann werden die Vogelstimmen der unzähligen Arten zu einem echten Geräuscherlebnis. Im Schnee findet man mitunter auch die Spuren heimischer

Tiere. Wildschweine, Rehe, aber auch Marder und Mäuse verraten sich durch ihre typischen und unverwechselbaren Fährten.

Wer ganz im Süden des Königsforstes angekommen ist, kann nirgendwo anders so schnell ins nächste Naturschutzgebiet wechseln wie hier. Gerade mal 300 Meter, die Rösrather Straße und die A3 trennen den Königsforst vom Nordteil der Wahner Heide, während die blumenreiche Brücker Hardt und der Kölner Stadtwald mit dem Wildgehege Brück den Abschluss des Königsforstes in Richtung Innenstadt bilden. Schon an diesen Ausläufern lässt sich erahnen, wie imposant der Forst in seinem Inneren ist.

MERHEIMER HEIDE

Von der Frankfurter Straße aus erreicht man fußläufig über den Merheimer Heideweg den Zugang zur gleichnamigen Grünfläche inmitten des Bezirkes Kalk. Es geht durch einen kleinen Buchenwald und ein kurzes Stück entlang der Bahnlinie 1, auf der die Züge im 5-Minuten-Rhythmus vorbeirattern. Wer zum ersten Mal die Heidelandschaft betritt, wird feststellen, dass er sich diese vielleicht anders vorgestellt hat: Keinerlei Heidekraut, lediglich eine große Wiesenfläche prägt das Gelände. Gesäumt von bunt gemischt nebeneinanderwachsenden Buchen, Birken und Ahorn, Douglasien und Eichen liegt die Merheimer Heide als grüne Lunge unmittelbar an der Autobahn A3. Auf der weiten Fläche ragen nur einige frei stehende Bäume in die Höhe.

ZITRONENFALTER

Wissenschaftliche Bezeichnung:
Gonepteryx rhamni

Erscheinung: Der bis zu 6 cm große Zitronenfalter ist intensiv gelb gefärbt und damit unverwechselbar. Die Weibchen des Falters sind blasser als die Männchen. Auf den Flügelaußenseiten sitzen wenige, kleine bräunlich rote Punkte.

Nahrung: Blütennektar

Wissenswertes: Die Falter schlüpfen im Juni/Juli aus ihren Puppen. Ihre Eier legen die Zitronenfalter an Kreuzdorn und Faulbaum.

Lebensraum: Zitronenfalter sind auf freien Flächen und an Waldrändern überall im Stadtgebiet häufig zu beobachten.

ELSTER

Wissenschaftliche Bezeichnung:
Pica pica

Erscheinung: Mit ihrer Größe von ca. 45 cm
und dem schwarz-weißen Gefieder ist
die Elster gut von anderen Krähenvögeln
zu unterscheiden. Kopf und Rücken sind
schwarz, Teile der Flügeldecke, Flanken und
Unterseite der Elster sind weiß. Der lange
Schwanz des Vogels schimmert, wie auch
einige Teile der Flügel, metallisch schwarz
bis dunkelblau.

Nahrung: Kleintiere, Beeren und Früchte.
In der Stadt plündert die Elster, ebenso wie
die Krähe, Mülleimer.

Wissenswertes: Elstern zählen zu den
intelligentesten Singvögeln. Schon früh
erlernen sie eine Objektpermanenz, das
heißt, sie können sich Dinge „merken", die
sie nicht (mehr) sehen – daher sind sie in
der Lage, Nahrung für einige Zeit in Verstecke zu bringen und diese immer wiederzu-
finden. Zwischen April und Juli erbrüten
sie in kugelförmigen Nestern aus dünnen
Zweigen bis zu sieben Jungtiere. Der Aus-
druck „diebische Elster" kommt sicher
daher, dass die Vögel sehr neugierig sind
und funkelnde Objekte mit dem Schnabel
begutachten. Werden sie dabei unterbrochen, fliegen sie mit ihrer „Beute" davon.

Lebensraum: Seit einigen Jahren hat die
Elsternpopulation wieder stark zugenom-
men. Mittlerweile sind die schwarz-weißen
Krähenvögel in allen Parks, Gärten und
Grünflächen heimisch geworden.

KAISERMANTEL

....

Wissenschaftliche Bezeichnung:
Argynnis paphia

Erscheinung: Der Kaisermantel ist ein
großer, bis zu 70 mm langer Falter, der in
seiner Grundfarbe orange ist. Die Flügel
sind mit schwarzen Punkten gekennzeichnet, das Männchen trägt zusätzlich vier
schwarze Streifen auf den Vorderflügeln.
Die Weibchen sind meist größer und blasser gefärbt.

Nahrung: Blütennektar

Wissenswertes: Der Kaisermantel ist v.a.
im Sommer, zwischen Juni und September,
bei uns anzutreffen. Im Herbst schlüpfen
die Raupen. Diese überwintern und beginnen im Frühjahr mit der Nahrungssuche.

Lebensraum: Der Schmetterling ist auf
allen größeren Grünflächen zu finden und
dort besonders an Disteln zu beobachten.

Erst bei genauerem Hinsehen gibt das Gebiet seine wahre Schönheit preis. Der größte Teil der Grünfläche wird akkurat gemäht, nur der lila Wiesenklee verleiht ihr einige Farbkleckse. Wer den zentralen mittleren Weg in der Merheimer Heide entlanggeht, trifft auf einen kleinen Douglasienwald, der von Robinien und Buchen eingerahmt ist. Er wirkt abwechslungsreich und einladend im Vergleich zur Monotonie der restlichen Anlage. Allerdings liegt überall zwischen den Stämmen reichlich Abfall herum.

Die Tierwelt ist eher überschaubar, man muss schon etwas genauer hinsehen, um sie wahrzunehmen. Sicherlich direkt auffallen werden einem alte Bekannte: Krähen und Elstern. In den Disteln zupfen die Stieglitze nach Samen; Hum-

FOTOTIPP

Zahllose Randstreifen und Verkehrsinseln sind im Stadtbezirk Kalk mit bunten Blumen bepflanzt. Mohn, Margeriten und andere Blüten sprenkeln in einem Farbenmeer aus Rot, Gelb und Blau die sonst unscheinbaren Fleckchen mitten im Stadtbild. Wer ein Stativ besitzt, kann an solchen Ecken bei Nacht wunderbare Langzeitaufnahmen machen. Die Blüten im Vordergrund, während im Hintergrund die roten und weißen Scheinwerfer der Autos als farbige Bänder erscheinen und einmal mehr den Kontrast zwischen Natur und Menschen zeigen. Ein guter Platz, um sich diesen Aufnahmen zu widmen, ist der Mittelstreifen der Frankfurter Straße, auf der immer Verkehr fließt und auf deren Grünstreifen sich verschiedenste Blüten versammeln.

meln, Bienen und Schmetterlinge fliegen hektisch von Blüte zu Blüte. Blaue, weiße und gelbe Blüten heben sich kontrastreich vom Hintergrund mit Schallschutzmauern und Strommasten ab.

Zwischen den Douglasien auf der Ostseite führt ein kleiner ansteigender Pfad auf die höchste Stelle der Heide. Hier hat man das Gefühl, schon fast auf der Autobahn zu stehen. Aber der kleine Hügel bleibt vom Mähgerät verschont und kann so ungestört vor sich hin wuchern. Dort kann man den kleinen Naturbewohnern wie Hummeln, Bienen und Schmetterlingen bei der Nahrungssuche zusehen. Die langen Grashalme biegen sich unter dem Gewicht der Marienkäfer, der Zitronenfalter kommt zur Stippvisite vorbei. Mitunter kommen auch die Distelfinken an ihre Lieblingsblumen – die Disteln.

FOTOTIPP

Mit ein wenig Fantasie wird Köln zu einer Stadt am Meer. Der Wasserturm Kalk, der die Kalk-Arcaden krönt, bietet dazu beste Voraussetzungen, kommt er in seinem Erscheinungsbild doch wie ein echter Leuchtturm daher. Dann fehlt nur noch endloser, blauer Himmel, der sich mit Schäfchenwolken schmückt, und schon kann man ihn bestens in Szene setzen. Mit einem Weitwinkelobjektiv ist man gut aufgestellt und kann von der obersten Etage des Parkhauses Meeresfeeling pur in der Kölner City einfangen.

MARIENKÄFER

....

Erscheinung: Der Marienkäfer ist wohl jedem Menschen bekannt. Er kann bis zu 1 cm groß werden, seine harten Flügelschalen sind rot und haben schwarze Punkte. Bei genauerem Hinsehen liegen zwei weiße Punkte an den schwarzen Gesichtsseiten des Käfers. Hierzulande gibt es viele verschiedene Arten, z.B. den Siebenpunkt (Coccinella septempunctata), den Asiatischen Marienkäfer (Harmonia axyridis) oder auch den Zweipunkt (Adalia bipunctata).

Nahrung: überwiegend Blattläuse

Wissenswertes: Schon die Larven des Marienkäfers ernähren sich fast ausschließlich von Blattläusen. Während dieses Stadiums fressen sie mehrere Hundert Läuse. Die Eiablage folgt demzufolge nahe von Blattlauskolonien (im Mai). Bis sich ein Marienkäfer aus dem gelegten Ei entwickelt hat, dauert es zwischen sechs und acht Wochen. In großen Kolonien verbringen die Marienkäfer gemeinsam den Winter.

Lebensraum: Der Marienkäfer kommt überall vor, wo Grün zu finden ist.

DIE TIERRETTUNG DER FEUERWEHR OSTHEIM –
IM EINSATZ FÜR TIERE IN NOT

Es ist Montagmorgen, 7.30 Uhr auf dem Gelände der Feuerwache 8 in Köln-Ostheim. Voller Ungeduld warte ich auf Peter und Klaus, das Team der Tierrettung der Kölner Feuerwehr. Für einen Tag darf ich die beiden bei ihrer Arbeit begleiten.

Seit Jahren retten die beiden Männer entlaufene, verletzte und verunglückte Tiere im Kölner Stadtgebiet. Sie leisten Erste Hilfe und fahren die betroffenen Patienten in Arztpraxen, ins Tierheim oder zu Schutzstationen. Zu ihren Klienten gehören vor allem Hunde und Katzen, die von zu Hause ausgebüxt sind, aber auch Exoten brauchen immer wieder ihre Unterstützung.

So halfen die Feuerwehrmänner vor einigen Jahren der Polizei, mehrere Hundert Schlangen, Echsen und Schildkröten, die in Koffern aus Asien nach Europa geschmuggelt worden waren, aus einem Kölner Hotel zu evakuieren. In Köln-Porz befreiten sie Dutzende Kampfhähne aus den Händen ihrer Züchter, die mit diesen Hahnenkämpfe für perverses Publikum veranstalteten. Dass das jedoch eher Ausnahmen sind, bestätigt sich an meinem Tag bei der Tierrettung.

In der Südstadt nehmen wir einen Mauersegler, der wohl Startschwierigkeiten hatte und nach dem Sprung aus dem sicheren Nest eine unverletzte Bodenlandung hingelegt hatte, in Obhut. Im Tierheim wird der Vogel gefüttert und versorgt, bis er wieder flugfähig ist, bevor er in die Freiheit entlassen wird. Eine Amsel, die in einem Hinterhof untätig verharrt, und eine Taube, die wir auf der Dürener Straße auflesen, bringen wir zu einem niedergelassenen Tierarzt. Zwei entlaufene Hunde sind schon von aufmerksamen Bürgern an improvisierte Leinen genommen worden und brauchen nur noch eine Mitfahrgelegenheit ins Tierheim. Da fast alle Haustiere „gechipt" sind, lassen sich ihre Besitzer schnell ausfindig machen und diese können ihre Lieblinge wieder in Empfang nehmen.

Am Ende meines Tages als „Feuerwehrmann" bekommen wir noch einen Notruf von einer Dame aus Ehrenfeld, die einen großen, flauschigen Vogel auf dem Ehrenfeldgürtel gefunden hat. Ein noch nicht flügges Turmfalkenweibchen ist wohl aus dem sicheren Horst gefallen. Und wohin mit einem Greifvogel, der sich nur entwickeln muss und keinerlei Verletzungen hat? Natürlich auf die Greifvogelschutzstation des Guts Leidenhausen, wo das junge Weibchen so lange beherbergt wird, bis es selbst Beute schlagen kann. Dann wird es in die Natur entlassen und schwebt heute vielleicht bereits wieder über der Kölner Feldflur.

PORZ

DER STADTBEZIRK PORZ

Im äußersten Südosten Kölns liegt mit Porz der größte Stadtbezirk der Domstadt. Rund 109 000 Einwohner teilen sich ganze 16 Stadtteile, die sich über beinahe 79 Quadratkilometer erstrecken – das sind ungefähr ebenso viele Menschen, wie in Kalk auf einem halb so großen Gebiet leben. Dementsprechend grün zeigt sich der Bezirk: Namenlose kleine Ecken, Parks und die Rheinauen bieten Naherholungsmöglichkeiten und einen kurzen Ausstieg aus dem Getümmel der Großstadt. Vier Naturschutzgebiete liegen in Porz, leider bleibt man bei fast allen vor meterhohen Zäunen oder „Betreten verboten"-Schildern stehen. In einige Gebiete kann man nicht mal einen Blick werfen. Deshalb muss man aber nicht verzagen, hier gibt es dennoch genügend Natur zu erleben: Das Gut Leidenhausen mit seiner Waldschule, der Greifvogelschutzstation und dem Obstmuseum veranschaulicht die Natur vor der eigenen Haustüre und die riesige Feldflur östlich von Zündorf lädt zu kilometerlangen Spaziergängen ein.

NATURSCHUTZGEBIETE KIESGRUBE PAULSMAAR, KIESGRUBE WAHN, KIESGRUBEN GREMBERGHOVEN

Gleich drei ehemalige Kiesgruben stehen in Porz unter Naturschutz. Wunderschön gelegen, dicht bewachsen, das Wasser oft kristallklar, fast türkis. Einziges Manko: Lediglich die Kiesgrubenseen Gremberghoven sind nicht durch Zäune und Verbotsschilder abgeriegelt. Hier kann man noch auf kleinen Pfaden um den See laufen, entlang dichtem Gebüsch und alten Baumbeständen, unten glitzert die Wasseroberfläche, oben zwitschern die Vögel.

Unzählige Besucher kommen jedes Jahr im Sommer an die Seen – kein Wunder, denn weit und breit ist dies der einzige natürliche Badeort, der zum Schwimmen freigegeben ist, das heißt, hier verbieten es einem zumindest keine Schilder. Leider haben viele Menschen etwas bei der Entsorgung ihres Mülls missverstanden und so findet man überall am Ufer die Reste von Trink- und Grillorgien. An den Wegesrändern oberhalb des Sees liegen alle paar Meter ganze Wagenladungen voll Schutt, sogar Möbelstücke und Elektrogeräte. Schade, denn dieses Fleckchen Natur könnte ein echtes Idyll sein.

Wer seine Aufmerksamkeit auf das tierische Treiben am Wasser beschränkt, wird schnell mit der Vielfältigkeit der Natur belohnt. Karpfen gleiten zwischen den ins Wasser ragenden Wurzeln hindurch und überall flitzen kleine Fische im seichteren Wasser des Uferbereiches, der mit vielfältigen Pflanzen bewachsen ist, umher. Diese umschwirren Libellen, aber auch Haubentaucher und Uferschwalben wurden hier schon gesichtet. Selbst die Zauneidechse hält sich zwischen Müll, illegalen Dauercampern und regem Badebetrieb wacker und ist immer wieder auf den warmen Steinen in der Mittagsonne dösend zu beobachten.

Wirklich ruhig kann man diese beiden Seen, die in unmittelbarer Nähe zur Autobahn A3 liegen, nicht nennen, ist doch deren Verkehrsrauschen stets präsent. Gepaart mit dem Unrat am Ufer bleibt hier nur Naturerlebnis für diejenigen, die eine kleine Alltagsflucht und nicht das Große und Ganze genießen wollen.

BIESELWALD

Wer nur kurz in die städtische Natur eintauchen und keine Gewaltmärsche durch weitläufige Schutzgebiete machen möchte, ist im Bieselwald (s. Foto links) bestens aufgehoben. Das kleine Waldgebiet zwischen den Kölner Veedeln Elsdorf und Wahnheide hat weit mehr zu bieten, als es auf Karten den Anschein macht. Zwar

liegt es eingekeilt zwischen Wohngebieten, Bundesstraße und Autobahn, Pflanzen und Tiere zeigen sich davon aber recht unbeeindruckt. Der Butzbach speist die beiden Teiche, den oberen und den unteren Senkelteich, die nördlich und südlich der Hermann-Löns-Straße, die das Gebiet durchschneidet, liegen. Inmitten des Waldes bilden die fischreichen Gewässer gut geschützt ein idyllisches Biotop. Ahorn dominiert die Ufer des südlichen Senkelteichs. Je tiefer man in den Bieselwald vordringt, desto abwechslungsreicher werden die Baumarten. Selbst Tannen und Fichten wachsen vereinzelt zwischen den Laubbäumen und alte, knorrige Eichen stehen hier schon seit Jahrzehnten. Efeu rankt an deren Stämmen empor und verleiht den Riesen die Aura eines Zauberwalds.

Die beiden Seen ziehen nicht nur zahlreiche Spaziergänger und Naturliebhaber an. Wer Stockenten beobachten möchte, findet wohl kaum ein Gewässer in der Gegend, auf dem sich mehr der Tiere einfinden als auf dem südlichen Senkelteich. Da ist es auch nicht verwunderlich, dass sich zwischen die zahlreichen Wasservögel auch die ein oder andere Hybrid-Ente mischt (s. Foto oben). Neben den Enten sind es vor allem Libellen, die an den Ufern einen Lebensraum gefunden haben. In allen Farben erscheinen die Fluginsekten, die auf Wasserpflanzen, Ufersteinen und schwimmenden Blättern ihre grazilen Körper in der Sonne wärmen. Auch wenn der Name etwas irritierend inmitten des Waldes erscheinen mag, an den Ufern der Seen hat man gute Chancen, die rot gefärbte Gemeine Heidelibelle zu sehen.

Im Waldgebiet um den nördlichen Senkelteich kommen Vogelliebhaber auf ihre Kosten. Schon bei einem kurzen Spaziergang entdeckt man verschiedenste Arten. An den Stämmen laufen Kleiber auf und ab, die hinter abstehenden Rindenstücken nach Nahrung suchen.

Buch- und Grünfinken hüpfen zwischen den Ästen der Buchen und Eichen umher, Spechte steuern ihr charakteristisches Hämmern bei. Und im Gebüsch links und rechts des Weges huschen die Eichhörnchen auf der Suche nach Bucheckern, Nüssen und anderem Essbaren von Baum zu Baum.

FELDFLUR ZWISCHEN ZÜNDORF, WAHN UND LANGEL

Weit blickt man von der Wahner Straße, der Hasenkaul oder dem Holzweg über die große Feldflur. Egal in welche Richtung man von einer dieser Straßen schaut, überall begegnet dem Blick zunächst die offene Landschaft und erst weit am Horizont erscheinen Schornsteine und Kühltürme im Süden und die winzigen Spitzen des Doms im Norden. An sonnigen Tagen ist es in dieser grünen, landwirtschaftlich genutzten Umgebung, die von gut ausgebauten Wirtschaftswegen durchschnitten wird und mit verschiedenster Vegetation aufwarten kann, besonders schön. Hier wachsen Gemüsesorten wie Karotten, rote

GEMEINE HEIDELIBELLE

Wissenschaftliche Bezeichnung: Sympetrum vulgatum

Erscheinung: Mit einer Länge von bis zu 35 cm gehört sie zu den größeren Vertretern der Libellen. Die Männchen sind kräftig rot am Hinterleib gefärbt, ihre Brust ist braun. Die Weibchen erscheinen gelb-bräunlich. Auf den Vorderspitzen der durchsichtigen Flügel befinden sich farbige, eckige Flecken.

Nahrung: Fluginsekten

Wissenswertes: Die Heidelibelle lauert auf Grashalmen und anderen Warten auf ihre Beute, um dieser hinterherzujagen. Das Weibchen wirft die Eier aus der Luft in Tümpeln ab.

Lebensraum: In Köln kann man die Gemeine Heidelibelle z.B. an den Teichen des Bieselwaldes beobachten, auch in der Dellbrücker Heide (Stadtbezirk Mülheim) und Wahner Heide sowie im Naturschutzgebiet Baadenberger Senke, Stöckheimer See und Große Lache (Stadtbezirk Chorweiler).

GRÜNFINK

....

Wissenschaftliche Bezeichnung:
Carduelis chloris

Erscheinung: Der gut 15 cm lange Grünfink fällt auf, da er neben seiner grünlichen Grundfarbe einen schmalen gelben Streifen an Flügeln und Schwanz besitzt. Im Profil zieht sich dieser von der Mitte der Flügel bis fast zum Schwanzende. Er hat einen sehr starken Schnabel. Die Weibchen des Grünfinks sind etwas unscheinbarer gefärbt: Sie sind sehr blass, erscheinen aber dennoch grünlich.

Nahrung: verschiedenste pflanzliche und tierische Nahrung: Insekten, Knospen, Sämereien

Wissenswertes: Wenn im Winter das Nahrungsangebot in der Natur knapp wird, kommt der Grünfink häufig ans Futterhäuschen. Besonders Sonnenblumenkerne pickt er aus dem Futtermix. Er nutzt Schnabel und Zunge, um die Kerne zu knacken, und frisst nur das weiche Innere des Kerns. Im Sommer erbrüten die Vögel gut geschützt in dichten Hecken und Buschwerk bis zu fünf Jungvögel.

Lebensraum: Der Grünfink ist ein recht weit verbreiteter Singvogel, der auch im innerstädtischen Bereich zu sehen ist. Er ist heute überall in Parks, Gärten und auf anderen Grünflächen mit Baum- und Buschbestand zu finden.

Beete und Spargel, im Herbst leuchten Mais- und Getreidefelder in gelben Tönen und geben der Landschaft ein buntes Gesicht. Wenn die Sonne im Süden am von Wolken gespickten Himmel steht, bekommt die Landschaft eine Weite, die man sonst nur im nördlichen Worringen (Stadtbezirk Chorweiler) finden kann. Azur harmoniert mit saftigem Grün, da stören auch die rauchenden Industrieschlote am Horizont kaum.

Vor allem die unzähligen Vögel und Insekten, die hier zu Hause sind, machen den Ausflug in die Feldflur zum Erlebnis. Bachstelzen fliegen gleich zu Dutzenden auf, wenn sich Menschen nähern. Auf der Suche nach der nächsten Mahlzeit stolzieren Rabenkrähen und Elstern über die Wege. Von Weitem hingegen sieht man die Silhouetten großer Greifvögel, die auf den vereinzelten Bäumen sitzen und die umliegenden Felder nach Beutetieren absuchen: Turmfalken, Mäusebussarde und Rotmilane teilen sich das Gebiet.

Auf den abgeernteten Feldern picken Hunderte Tauben die letzten Körner vom Boden, während in den Pfützen auf den Äckern Spatzen- und Starenschwärme einfallen, um ein kühles, reinigendes Bad zu nehmen. Beobachtenswert sind sowohl die Sperlinge (Spatzen) als auch die Stare, wie sie alle gemeinsam auffliegen, nur um sich einige Meter weiter wieder auf den Feldern niederzulassen.

Am Abend kommen die Hasen, die in den Feldern mit ihren Tälern und Senken eine sichere Heimat gefunden haben, aus ihren Sassen, um unentdeckt auf Nahrungssuche zu gehen. Nur hin und wieder verraten ein paar aus der Wiese hervorschauende Löffel, wer dort im Grünen sitzt. Auch Hühnervögel wie der Jagdfasan haben hier ein Zuhause gefunden.

HAUSSPERLING (SPATZ)

....

Wissenschaftliche Bezeichnung:
Passer domesticus

Erscheinung: Der kleine braune Spatz lässt sich nur schwer von seinem nahen Verwandten, dem Feldsperling, unterscheiden. Zudem sind auch Männchen und Weibchen verschieden gezeichnet. Die Flügeloberseite der männlichen Vögel ist graubraun mit schwarzen Anteilen, die Unterseite grau. Sie haben einen dunkelbraunen Nacken und eine graue Kopfpartie sowie einen kleinen schwarzen Fleck unterhalb des Schnabels. Das Weibchen erscheint blasser und weniger gemustert. Es hat eine schwarz gebänderte Oberseite und ist auch am hellen Oberaugenstreif zu erkennen.

Nahrung: Insekten, Spinnentiere, Getreide, Pflanzensamen und Essensreste

Wissenswertes: Zum Nisten sucht sich der Haussperling eine Nische in Gebäuden und andere trockene Orte, an denen er vor Fressfeinden (vor allem Katzen) sicher ist. Beide Eltern erbrüten bei mehreren jährlichen Bruten bis zu sechs Eier.

Lebensraum: Der Sperling ist einer der häufigsten Vogelarten im Stadtgebiet, obwohl seine Bestände in den letzten 20 Jahren drastisch zurückgegangen sind. Er ist über ganz Europa und weltweit stark verbreitet. Vor allem dort, wo viele Krümel beim Essen anfallen, rückt der Spatz in Schwärmen an (Zoo, Innenstadt, Bahnhofsvorplatz).

ROTMILAN

Wissenschaftliche Bezeichnung:
Milvus milvus

Erscheinung: Mit einer Spannweite bis zu 190 cm ist der Rotmilan ein beeindruckender Greifvogel. Männchen wie Weibchen schmückt ein rot-braunes Gefieder mit sehr langen Schwanz- und Flügelfedern. Unverwechselbar wird er durch seinen stark gegabelten Schwanz. Der Kopf des Tieres ist hellgrau befiedert.

Nahrung: Nagetiere, selten Vögel, Aas

Wissenswertes: Der Rotmilan wird auch als Gabelweihe bezeichnet, was sich auf den eingekeilten Schwanz bezieht. Zwischen April und Juli erbrütet das Weibchen in gut einem Monat zwei bis drei Jungvögel.

Lebensraum: Der Rotmilan lebt in Wäldern, und sucht in der offenen Landschaft nach Beutetieren. In Köln kann man ihn z.B. im Nüssenberger Busch (Stadtbezirk Ehrenfeld), in der großen südlichen Feldflur um Wahn, sowie in der Wahner Heide und der Worringer Feldflur (Stadtbezirk Chorweiler) beobachten.

WALDKAUZ

Wissenschaftliche Bezeichnung:
Strix aluco

Erscheinung: Der Waldkauz hat einen flachen Kopf mit schwarzen, großen Augen und einen starken gelben Schnabel. Sein Gefieder ist grau-braun gefleckt. Er ist ca. 40 cm groß und erreicht Spannweiten bis zu 1 m.

Nahrung: Vögel und Säugetiere (insbesondere Mäuse)

Wissenswertes: Der Waldkauz ist wie alle Eulen in der Lage, seinen Kopf um 270 Grad zu drehen und kann somit fast seine gesamte Umgebung im Auge behalten. Er ist dämmerungs- und nachtaktiv. Aufgrund spezieller, ausgefranster Federn fliegt er lautlos durch die Nacht. Er sucht sich zum Nisten eine Baumhöhle, in der er zwischen Februar und August bis zu fünf Jungvögel erbrütet. Nach etwa einem Monat verlassen diese erstmals ihr Nest und sitzen dann als sogenannte Ästlinge auf Ästen nahe dem Nest.

Lebensraum: In Köln kann man den charakteristischen Ruf des Waldkauzes im Stadtwald (Stadtbezirk Lindenthal), in der Wahner Heide und auf Melaten (Stadtbezirk Lindenthal) vernehmen. Auch in anderen großen Parkanlagen ist er zu Hause. Meist bekommt man den zurückgezogen lebenden Vogel jedoch äußerst selten zu Gesicht.

Unverstellt wäre der Blick über die weite Ebene, würde nicht die Industriekultur am Horizont das Naturidyll ein wenig schmälern. Dennoch kann man hier in der Feldflur rund um Wahn, Zündorf und Langel traumhafte Panoramaaufnahmen der Landschaft machen. Weitwinkelobjektiv und Stativ sollte man dabeihaben, mit entsprechender Muße findet man überall ein Plätzchen, um die Ebene in Szene zu setzen. Gerade wenn es schon dunkelt, Wolken am Himmel ziehen und noch vereinzelte Radfahrer die Landwirtschaftswege nutzen, kommen tolle Langzeitaufnahmen zustande.

GUT LEIDENHAUSEN – DER NATUR GEWIDMET

Als eines von vier Portalen in der Wahner Heide bietet das Gut Leidenhausen zahlreiche Informationen und Ausstellungen über die Natur. Hier widmen sich gleich mehrere Institutionen diesem Thema: Neben der Greifvogelschutzstation, dem Haus des Waldes und der Waldschule gibt es ein Obstmuseum und ein Wildgehege. Engagierte Ehrenamtler sorgen dafür, dass man mit enormem Wissenszuwachs das Gut wieder verlässt.

In der Waldschule, die auf Monate im Voraus ausgebucht ist, lernen schon die Grundschulpänz Eulen und Greifvögel kennen, bekommen vermittelt, wie der Wald funktioniert und wer so alles in der Natur zu Hause ist. Humorvoll und aufschlussreich gestaltet Frank Küchenhoff seinen Unterricht, aus dem alle Kinder begeistert herauskommen, um sich bei einer Tour durch die Greifvogelschutzstation die Tiere aus der Nähe anzusehen. Der kleine Waldkauz Herbie (s. oben) darf sogar mit in den Unterricht, um den Kindern die oft verborgen bleibende Tierwelt unserer Wälder näherzubringen.

Verletzte und verunglückte Tiere werden in der Greifvogelschutzstation von einem Team aus Tierpflegern und Ehrenamtlern behutsam aufgepäppelt, bis sie wieder selbst in der Lage sind, für sich zu sorgen. Mehr als 100 Vögel werden hier jährlich versorgt. Neben bekannten heimischen Arten gibt es hier Schneeeulen, die vom Zoll beschlagnahmt wurden, zu bestaunen. Die imposanten Vögel dürfen nicht in unseren Breiten ausgewildert werden, da diese nicht ihr natürlicher Lebensraum sind. Aber auch für Milane, Habichte, Bussarde, Eulen und Kauze ist Platz in der Schutzstation. Das Schönste an ihrer Arbeit, da sind sich alle Mitarbeiter einig, ist die Auswilderung der umsorgten Tiere.

Neben der Schutzstation lassen sich in den Wildgehegen am Gut Leidenhausen unsere imposantesten Waldbewohner beobachten. Auf einer weitläufigen Wiese lebt ein Rotwildrudel und im eingezäunten Waldbereich kommen die Wildschweine ganz nah ans Gatter. Und auch das Obstmuseum, eine riesige Streuobstwiese mit Kirsch- und Äpfelbäumen, Birnen- und Pflaumenbäumen, lohnt einen Besuch, da all diese Arten, die hier gedeihen, so nur noch an wenigen Orten zu finden sind.

♥ Herbie & Fööss – eine Liebesgeschichte ♥

Ebenso erstaunt wie die Besucher, so scheint es, schauen aus einer Voliere zwei Augenpaare, die unterschiedlicher kaum sein könnten. Tiefschwarz sind Herbies, Fööss schaut aus zwei riesigen, strahlend orange leuchtenden Augen durch den Maschendraht. Schutzsuchend kauert der Wald-kauz Herbie auf seinem besten Freund, dem Uhu. Ein skurriles Bild, denn eigentlich steht der viel kleinere Vogel auf dem Speisezettel der größten Eule der Erde.

Schon seit die zwei in der Greifvogelstation aufgenommen wurden, teilen sie sich eine Voliere. So begann die Geschichte der unzertrennlichen Vögel. Als man versuchte, sie zu trennen, um Herbie davor zu bewahren, als Mittagessen zu enden, saßen beide traurig und alleine in ihren Käfigen und ließen ihr Futter unberührt stehen. Also entschied man, die Tiere wieder zusammenzulegen. Herbie und Fööss, der seinen Namen bekommen hat, weil er immer an den Schuhen seines Tierpflegers pickt, sind nun wieder glücklich vereint und geben ein ungleiches Paar ab. Fraglich ist nur, was passiert, wenn die Tiere geschlechtsreif werden, dann kann es mit dieser Liebe ein für alle Mal vorbei sein.

UHU

Wissenschaftliche Bezeichnung:
Passer domesticus

Erscheinung: Mit einer Spannweite von bis zu 180 cm ist der Uhu die größte Eulenart der Erde und kann bis zu 75 cm groß werden. Sein Gefieder ist überwiegend braun und weist schwarze Längstupfer auf. Der Brustbereich ist heller als das übrige Gefieder. Typisch sind die aus Federn bestehenden Ohren sowie die großen orangen Augen.

Nahrung: Der Uhu jagt Säugetiere und kann sogar Füchse und Hasen schlagen.

Wissenswertes: In den 1980er-Jahren war der Uhu fast überall in Deutschland ausgerottet. Aufgrund von Umweltgiften und Eierdiebstahl aus den Horsten gab es kaum noch wild lebende Paare. Mittlerweile hat sich ihr Bestand wieder stabilisiert. In Nordrhein-Westfalen gibt es heute etwa 800 bis 900 Brutpaare. Wie fast alle Eulenarten ist auch der Uhu in der Dämmerung und der Nacht aktiv, während er tagsüber ruht. Der Uhu benötigt große naturbelassene Gebiete, bevorzugt zur Brut Felswände, wobei er zwischen Februar und Juli bis zu vier Eier in fremde Greifvogelhorste oder in Vertiefungen der Felswand legt.

Lebensraum: In Köln lebt der Uhu wohl nur in der Greifvogelschutzstation und im Gebiet von Wahner Heide und Königsforst (Stadtbezirk Kalk).

FAMILIENTIPP

Kaum irgendwo kommt man der heimischen Natur in Köln so nah wie auf dem Gut Leidenhausen, sei es der Besuch der Waldschule oder ein Blick ins Obstmuseum. Das Spannendste für die Pänz ist aber sicherlich die Greifvogelschutzstation. Als „Schüler" der Waldschule kann man auf einer Rallye durch die Volierenwelt alle Tiere hautnah erleben und lernt auch die heimische Vogelwelt kennen. An Sonn- und Feiertagen ist die Greifvogelschutzstation für die Öffentlichkeit zugänglich. Dann können auch Kinder, die nicht in den Genuss des Unterrichts kommen, Schnee- und Schleihereulen, Wald-, Stein- und Bartkauz sowie andere heimische und exotische Arten bewundern. Zum Abschluss dreht man noch eine Runde durch das Wildgehege und gerät beim Anblick des Rotwildes ins Staunen. Spätestens wenn man darüber nachdenkt, dass im angrenzenden Königsforst und der Wahner Heide diese mächtigen Hirsche mitsamt ihrem Rudel in freier Wildbahn leben.

NATUR- UND VOGELSCHUTZGEBIET „WAHNER HEIDE"

Das größte Naturschutzgebiet in der Region, das zudem den Status eines Vogel-schutzgebietes besitzt, hat vielfältige Naturerlebnisse in petto. Waldlandschaften wechseln mit Moor- und Feuchtgebieten ab, offenes Heideland breitet sich über große Flächen aus und sogar Dünenböden gibt es hier. Nur ein Bruchteil – etwa 770 Hektar – der gesamten Heidelandschaft liegt auf Kölner Territorium zwischen Grengeler Mauspfad, A3 und der Alten Kölner Straße. Weite Areale ragen in den Rheinisch-Bergischen und den Rhein-Sieg-Kreis hinein. Als größter übrig gebliebe-ner Anteil der Bergischen Heideterrasse, die sich einst von der Agger im Süden bis weit gen Norden zog, bietet die Wahner Heide alleine 700 bedrohten Tier- und Pflanzenarten eine letzte Heimat. Zudem leben hier zahllose Vögel, Insekten und Säugetiere, die noch (!) nicht auf der Roten Liste der bedrohten Arten stehen. Die Beschaffenheit, vor allem die abwechslungsreichen Landschaftstypen, macht das Areal zur attraktiven Heimstätte und zum Brutplatz für unzählige Tierarten – und somit zu einem der artenreichsten Naturschutzgebiete in Nordrhein- Westfalen. Große Waldgebiete mit kilometerlangen Wanderwegen umschließen die im Fol-genden beschriebenen Gebiete. Auf einem fast 130 Kilometer umfassenden Wege-netz kann man in der Wahner Heide unterwegs sein.

WARUM IST DIE HEIDE HEIDE?

Würde man die Heide sich selbst überlassen, dauerte es nicht einmal 20 Jahre, bis kaum mehr offene Flächen vorhanden wären. Schnell wachsende Pflanzen wie die Traubenkirsche und Birkenbäume überwucherten innerhalb kürzester Zeit die Felder. Wo Platz bliebe, breitete sich die Brombeere aus und errichtete undurchdringliche Barrieren aus stacheligen Mauern. Vor vielen Hundert Jahren grasten Viehherden in der Landschaft und sorgten mit unbändigem Appetit dafür, dass die Flora im wahrsten Sinne des Wortes am Boden blieb. Dann kamen die Armeen, die die Wahner Heide lange Zeit als Truppenübungsplatz nutzten und mit schwerem Gerät die Aufgabe der Tierherden übernahmen. Unwillentlich, dennoch effektiv. Noch heute kann man auf Wanderwegen laufen, über die einst Panzer und andere Armeefahrzeuge rollten. Nachdem die belgischen Streitkräfte Anfang des neuen Jahrtausends endgültig wieder abgerückt waren, stand man in Köln vor zwei Fragen: Wie sollte die Heide bewirtschaftet werden, damit sie Heideland und damit weiterhin Lebensraum vieler seltener Tiere und Pflanzen bleibt? Und wer soll das bezahlen?

Jährlich investiert der Köln-Bonner Flughafen Hunderttausende Euro in die Wahner Heide, um Beweidungsprojekte und Renaturierungsmaßnahmen zu ermöglichen. Als klar war, dass der Flughafen einen Teil dieses Gebietes zu zivilen

Zwecken einnehmen würde, ist dies vertraglich festgehalten worden. Und so gibt es sie heute wieder, die Viehherden. Inzwischen sind es nicht mehr nur Schafe und Ziegen, die hier unterwegs sind. Sie werden von einer kleinen Population Glanrindern, Eseln und seit 2010 sogar von Wasserbüffeln dabei unterstützt, die Landschaft „in Schuss" zu halten. Neben den Tieren werden aber auch Maschinen eingesetzt, um der großen Flächen Herr zu werden. Mit den Geldern des Flughafens werden auch Bauern subventioniert, die so in der Lage sind, bestes Biofleisch aus der Region anzubieten – die Rinder sind fast ausschließlich in der Heide unterwegs und grasen hier ohne Zufütterung. Andere Teile der Gelder fließen in die Renaturierung. So sind in den vergangenen Jahren mehrere Moor- und Feuchtgebiete freigelegt worden, die so seltenen Pflanzen wie dem Sonnentau einen letzten Lebensraum bieten. Dem Engagement des Flughafens und verschiedener Vereine ist es zu verdanken, dass Besucher die Wahner Heide heute so vorfinden, wie sie schon immer war – als Heideland eben.

FLORA UND FAUNA

Auf Kölner Stadtgebiet liegen verschiedene Landschaftstypen der Wahner Heide auf recht kleinem Raum. Ob Wald-, Wiesen-, Heide-, Dünen- oder Moorgebiete – jedes weist seine eigene Flora und Fauna auf. Mal ruhig und verborgen an Wegesrändern im alten Waldbestand, mal ganz nahe der Startbahn in unmittelbarer Nähe des Flughafens. Der Abwechslungsreichtum der Flora und Fauna in der Wahner Heide ist stadtgebietweit einzigartig. Egal zu welcher Tages- oder Jahreszeit, egal bei welchem Wetter – die Heide hat für ihre Gäste immer eine Besonderheit auf Lager. Im Frühjahr küssen die ersten warmen Tage die Natur wach. Schmetterlinge besuchen Frühlingsblüten, Vögel beginnen mit dem Bau ihrer Nester und die Reptilien und Amphibien erwachen aus der Winterruhe. Der Sommer ist sicherlich das Highlight für alle, die in die makroskopische Welt der Insekten wie des Dickkopffalters (s. Foto rechts) eintauchen wollen. Dann muss man sich die Heidelandschaft jedoch meist mit vielen anderen Freizeitsuchenden teilen, besonders an den Wochenenden. Aber bei den großzügigen Ausmaßen kommt man sich nicht in die Quere, auch wenn es auf den Hauptwanderwegen dann von Spaziergängern wimmelt. Abseits dieser Routen kann man aber stundenlang unterwegs sein, fast ohne auf eine Menschenseele zu treffen.

Wenn der Sommer sich dem Ende neigt und die Tage kürzer werden, beginnt die Zeit der Heideblüte. Charakteristisch und namensgebend ist die dunkelrote Erikablüte für die offene Landschaft. Dann erblühen im Pionierbecken, im Geis-

terbusch und auf den Freiflächen südlich der Alten Kölner Straße ganze Teppiche des Heidekrauts. Der Wald rund um die Heide verfärbt sich von sattem Grün zu goldgelben Wänden. Die letzten Falter suchen an den Herbstblüten nach Nektar, bevor Mitte Oktober das Röhren der Hirsche von der Brunft des Rotwilds kündet. Wenn im Winter eine weiße Decke über Feldern und Wäldern liegt, sieht hier nichts mehr nach Stadtgebiet aus. Wer früh am Morgen unterwegs ist und sich ein Plätzchen in der Nähe von Brombeeren sucht, hat gute Chancen, Rehwild zu sichten, das bei dem geringen Nahrungsangebot im Winter auf das Grün der Beeren zurückgreift. In den Bäumen sieht man mitunter Goldhähnchen geschickt im Geäst umherturnen. Das Schönste am steten Wechsel ist wohl die Gewissheit, dass sich all dies immer wieder aufs Neue wiederholt und es dennoch in der Natur nie langweilig wird.

Versteckt im Wald leben verschiedene Säugetiere: Marder, Mäuse und Eichhörnchen sind hier zu Hause, ebenso wie Reh- und Rotwild, Wildschweine und Füchse, die es jedoch bevorzugen, tief im Wald zu bleiben, und sich dem Menschen eher selten zeigen. Neben ihnen bietet die Wahner Heide auch Arten eine Heimat, die in Nordrhein-Westfalen fast gänzlich aus der Natur verschwunden sind. Als Sommergäste kommen Kolkraben und Schlangenadler zur Brut hierher. Der Adler benötigt zur Aufzucht seiner Jungtiere Hunderte Schlangen und Echsen – und davon findet er hier tatsächlich reichlich. Zauneidechsen, Blindschleichen, Ringelnattern und Schlingnattern stehen auf seinem Speiseplan.

SCHACHBRETTFALTER

....

Wissenschaftliche Bezeichnung:
Melanargia galathea

Erscheinung: Der etwa 5 cm große Schachbrettfalter ist, wie der Name schon andeu-
tet, schwarz-weiß gemustert. Die Flügelun-
terseite ist deutlich schwächer gefärbt und
weist mehrere Augen auf. Er erreicht eine
Flügelspannweite von bis zu 45 mm.

Nahrung: Blütennektar

Wissenswertes: Das Schachbrett fliegt im
Sommer in einer Generation. Die Raupen
des Falters haben einen effektiven Trick
entwickelt, um sich vor Feinden zu schützen: Sie fressen in der Nacht.

Lebensraum: Die Schachbrettfalter sind an
blumenreichen Waldrändern im gesamten
Stadtgebiet anzutreffen. In der südlichen
Kölner Feldflur (Wahn, Langel, Zündorf) und
in der Wahner Heide kann man den Falter
gut an Disteln beobachten.

Neuntöter und Schwarzkehlchen gehören zu den gefährdeten Vertretern der
Vogelwelt. Ausgestattet mit einem Fernglas kann man mit Ruhe und Geduld bei
fast jedem Besuch außergewöhnliche Vögel und seltene Reptilien beobachten.
Auch bei den Insekten reißt die Liste der außergewöhnlichen Arten gar nicht
mehr ab. Auf einem Spaziergang wird man oft von Schmetterlingen, die hier
ideale Voraussetzungen für die Nahrungssuche vorfinden, begleitet: Weißlinge,
Zitronenfalter, Bläulinge, Aurorafalter, Kaisermantel, Schachbrett und Waldbrettspiel. Wohin man im Sommer schaut, Insekten sind genauso zahlreich in
den Wäldern wie Bäume.

DAS HERFELD

Diese offene Freifläche vor der Querwindbahn des Köln-Bonner Flughafens bildet
die östliche Grenze von Köln. Sie ist von einem schmalen Bach durchzogen. Wie
im Spalier reihen sich links und rechts des Wasserlaufs die Kennungsleuchten der

ERDEICHEL-WIDDERCHEN (BLUTSTRÖPFCHEN)

Wissenschaftliche Bezeichnung:
Zygaena filipendulae

Erscheinung: Der kleine Falter ist in seiner Grundfarbe schwarz und hat auf den Vorderflügeln je drei rote Punkte.

Nahrung: verschiedene Blüten, gerne Disteln

Wissenswertes: Von Juni bis August findet man das Blutströpfchen in ein bis zwei Generationen. Das Weibchen legt seine Eier im Sommer an den Futterpflanzen der Raupen ab (v. a. Hornklee).

Lebensraum: Das Blutströpfchen ist in Köln nicht mehr so häufig zu sichten. In der Wahner Heide findet man den Falter jedoch an warmen Tagen auf offenen Flächen.

großen Landebahn auf. Wenn der Wind richtig steht, fliegen die großen Flugzeuge beim Landeanflug genau über das Herfeld ein. Kaum 50 Meter sind sie dann noch vom Boden entfernt und ziehen mit ohrenbetäubendem Krach über die Köpfe der Besucher hinweg. Im Wasser des Baches tummeln sich Frösche und Molche, an den Ufern wächst mit dem Gefleckten Knabenkraut eine der wenigen Orchideenarten unserer Breiten. In den feuchten Böden findet die Pflanze die richtigen Bedingungen, um zu gedeihen. Bis ganz nah kommt man an die Wasserfrösche heran, die kurz unter Wasser verschwinden, wenn sie sich bedroht fühlen, um dann wieder neugierigen Blickes aufzutauchen. Wer genug Amphibien gesehen hat, der schleicht durch die umliegenden Wiesen, auf der Suche nach Blutströpfchen, Zauneidechse und Ringelnatter. Auch viele seltene Singvögel fühlen sich in der offenen Landschaft wohl. Auf den zahlreichen Holzpfeilern, die überall die Wegränder begrenzen, sitzen Braun- und Schwarzkehlchen, Goldammern und Neuntöter. Am Himmel kreisen neben den häufig zu sichtenden Greifen auch die selteneren Habichte, Baumfalken und Sperber. Selbst Rotwild kommt mitunter auf die freien Flächen, ohne sich am Lärm der Flugzeuge zu stören.

WASSERFROSCH

Wissenschaftliche Bezeichnung:
Rana esculenta

Erscheinung: Der Wasserfrosch hat eine sehr unterschiedliche Färbung. Von hellgrünen bis hin zu braunen Tieren kommen sämtliche Variationen vor. Oft weist der Rücken des Frosches dunkle Flecken auf. Die Unterseite ist weißlich. Der Wasserfrosch wird bis zu 10 cm lang. Die männlichen Tiere haben zwei seitliche Schallblasen.

Nahrung: andere Amphibien, Insekten und Weichtiere

Wissenswertes: Im Mai und Juni laichen die Weibchen. Dann legen sie mehrere Tausend Eier ab, die als Klumpen im Wasser schwimmen.

Lebensraum: Der Wasserfrosch lebt in Seen und Feuchtgebieten, auch in kleinen Weihern und Gartenteichen. In Köln ist er in sämtlichen Seen zu finden.

GOLDAMMER

Wissenschaftliche Bezeichnung:
Emberiza citrinella

Erscheinung: Mit einer Größe bis zu 16 cm zählt die Goldammer zu den kleineren Vertretern der heimischen Singvögel. Auffällig ist ihre braun-gelbe Färbung. Auf der Flügeloberseite und dem Rücken finden sich zudem schwarze Streifen. Der untere Rücken erscheint rotbraun.

Nahrung: Insekten und Spinnentiere, Sämereien

Wissenswertes: Die Goldammer baut ab April ein bodennahes Nest und brütet darin bis zu fünf Eier aus. Aufgrund der Nestlage werden diese oft ausgeraubt. Da der Vogel bis zu dreimal im Jahr brütet, überleben die späteren Bruten häufiger, da es im Sommer mehr Grün gibt, welches das Nest schützt.

Lebensraum: Die Goldammer benötigt offene Landschaften mit Hecken und einzelnem Buschwerk. In der Wahner Heide ist die Goldammer recht häufig auf erhöhten Warten zu beobachten.

NÖRDLICH DER GROSSEN LANDEBAHN DES KÖLN-BONNER FLUGHAFENS (ÖSTLICH DER MITTLEREN QUERSCHNEISE)

Wer vom Grengeler Mauspfad in die Alte Kölner Straße einbiegt, kann sich gleich auf der rechten Seite den ersten Parkplatz aussuchen, um von hier in den Teil der Wahner Heide zu gelangen, der dem Flughafen am nächsten ist. Nur ein kleiner Waldstreifen trennt die viel befahrene und bei Rennradfahrern äußerst beliebte Straße von der Heidelandschaft. Die Natur im Norden des Flughafens gibt sich mit altem Baumbestand und offener Heidelandschaft, die mit niedrigen Büschen gespickt und von Wanderwegen durchzogen ist, abwechslungsreich. Ginster wächst dort, wo die Heide Platz gelassen hat. Vor dem Wald am Südrand dieses Gebietes türmen sich gefällte Baumstämme, auf denen man an sonnigen Tagen

---

TIPP

Natur erleben

Um einmal die Tiere der Nacht zu beobachten, gibt es hier in der Wahner Heide eine gute Möglichkeit. Rein ins Auto und nach 23 Uhr ganz langsam über die Alte Kölner Straße fahren. Fast immer sehen scharfe Augen Füchse, hin und wieder entdeckt man auch Wildschweine auf den Grünstreifen und mit viel Glück lässt sich sogar ein Rothirsch blicken.

fast mit Garantie auf Zauneidechsen trifft. Im dahinterliegenden Waldgebiet, durch das ein Rundweg hinduchführt, sieht man häufig Rehe erschrocken zwischen den Bäumen davonspringen, sobald sich Spaziergänger nähern.

An den Waldrändern sitzt der Mäusebussard (s. Foto links) und späht in der Hoffnung auf Beute in die offene Heidelandschaft. Neben seinen Beutetieren, vor allem Mäuse und Reptilien, sind Schmetterlinge und Vögel zu beobachten: Von den höchsten Wipfeln der Büsche pfeifen Braunkehlchen, Goldammer und Gartenrotschwanz. Der seltene Neuntöter ist außer in der Wahner Heide kaum mehr irgendwo in Nordrhein-Westfalen zu finden.

FOTOTIPP

Im Norden der Landebahn bieten große Haufen an Baumstämmen am südlichen Waldrand beste Voraussetzungen, Zauneidechsen, die sich in der Sonne aufwärmen, abzulichten. Mit Makroobjektiv und Stativ kommt man den kaum scheuen Reptilien schnell auf die Schliche: Hört man am Boden etwas rascheln, bedarf es nur eines kleinen Moments stillen Ausharrens, und schon äugt irgendwo ganz in der Nähe ein Exemplar der neugierigen Echse um die Ecke. Wer sich sehr langsam bewegt und mit Bedacht der Zauneidechse näher tritt, hat gute Chancen, dass das Tier sich nicht beim Sonnenbaden stören lässt. So kommen tolle Makroaufnahmen zustande. Wer ähnlich vorsichtig vorgeht, kann so übrigens auch von Erdkröten in den großen Pfützen gute Aufnahmen machen.

„BIRD CONTROLLER" AM KÖLN-BONNER FLUGHAFEN – ZUM SCHUTZ VON MENSCH UND TIER

Einen außergewöhnlichen Job hat er, stundenlang in der Natur unterwegs, und doch inmitten des niemals abreißenden Kölner Verkehrs. Doch nicht die Straße ist sein Wirkungsfeld, sondern das riesige Areal des Köln-Bonner Flughafens. Ulf Muuss ist „Bird-Controller" am Konrad-Adenauer Airport in Köln und damit dafür verantwortlich, dass es beim hohen Flugaufkommen zu möglichst wenigen Vogelschlägen bei Start und Landung kommt. Ganz ausschließen lässt sich das natürlich nicht. Doch

mit seinem Know-how als Berufsjäger setzt er verschiedenste Möglichkeiten ein, um die Tiere möglichst gleich ganz vom Flughafen fernzuhalten. Gar nicht so einfach, liegt der Köln-Bonner Flughafen doch inmitten des Vogelschutzgebietes Wahner Heide.

Zwei Tage lang begleite ich Ulf Muuss bei seiner täglichen Arbeit. Auch wenn man das nicht vermuten würde: Das riesige Flughafengelände bietet der heimischen und durchziehenden Vogelwelt beste Voraussetzungen zur Brut und Jagd, denn hier können die Tiere noch ungestört von erholungssuchenden Menschen leben. Selbst Orchideen gedeihen prächtig, denn es kommt eben niemand vorbei, der die wunderschönen lila Blüten abschneidet, um sie in eine Vase zu stellen. Da ist es nicht erstaunlich, dass auf den Wiesen rund um die Startbahnen häufig vorkommende wie auch bedrohte Vogelarten ihrem Brutgeschäft nachgehen. Dazu kommen Brachvögel, Gänse und sogar Kraniche, die auf ihrem Zug gen Süden die menschenleere Gegend für einen kurzen Zwischenstopp nutzen. Halb so wild seien die großen Schwärme für die Flugzeuge, sagt Ulf Muuss, denn das Radar kann die Tiere in den großen Gruppen gut erfassen und im Zweifelsfall der Start- und Landebetrieb so lange eingestellt oder umgeleitet werden, bis die Tiere wieder verschwunden sind. Kummer machten vor allem die großen, vereinzelten Greifvögel, die in der Luft ihre Kreise ziehen und den Boden nach Beute absuchen.

Um dies zu verhindern, bedient sich Ulf Muuss einer außergewöhnlichen und an deutschen Flughäfen einzigartigen Methode: Hier wird frettiert. Frettchen (domestizierte Iltisse) werden eingesetzt, um die zahllosen Kaninchen aus ihren Bauen zu jagen und zu vertreiben. Dazu werden Fallen an allen Ausgängen der Kaninchenbaue aufgestellt, dann wird das Frettchen in das Innere gelassen, wo es für Unruhe sorgen und die Tiere herausscheuchen soll. Einmal in die Falle gegangen, werden Dutzende Kaninchen in Gebieten ausgesetzt, wo dies noch erlaubt und die Population der Tiere weit geringer ist als im Großraum Köln.

Aber was haben Kaninchen mit den erwähnten Greif-vögeln zu tun? Da sie zu den klassischen Beutetieren zum Beispiel der Habichte gehören, ziehen sie diese magisch in dieses Gebiet. Doch je weniger Kaninchen auf den Wiesen zu finden sind, desto weniger Greifvögel kommen in die Umgebung, um sie zu jagen. Neben dem Frettieren gibt es noch weitere Möglichkeiten, um der Vögel Herr zu werden. Wiesen werden gemäht, um das Gelände für bodenbrütende Vögel unattraktiv zu gestalten. Hin und wieder wird auch zur Schreckschuss-pistole gegriffen, um die Vögel von der Startbahn zu vertreiben. Nur die Krähenvögel kümmert das wenig. Nach spätestens zehn Schüssen ist den schlauen Vögeln klar, dass von dem Knall keine wirkliche Bedrohung ausgeht, und so sind sie nach kurzer Zeit schon wieder mit der Nahrungssuche am Startbahnrand beschäftigt.

Hier kann man einmal mehr beobachten, wie sich die Tiere in der vom Menschen veränderten Natur einrichten: So sitzen keine 200 Meter von den startenden und landenden Flugzeugen entfernt gefährdete Vogelarten wie das Schwarzkehlchen oder der Neuntöter auf erhöhten Warten und singen ihre Melodien – immer wieder übertönt vom Lärm der Triebwerke.

DIE PIONIERBECKEN

Inmitten des Waldes befinden sich die drei Pionierbecken. Die ehemaligen Kiesgruben sind heute tief liegende, offene Flächen, abgeschirmt vom Wegenetz der
Heide. Das nördlichste Becken ist geflutet und zur Heimat wasserbewohnender
Tiere geworden. Die beiden größeren Pionierbecken sind frei von hoher Vegetation. Vor allem Heide dominiert die Flora auf den offenen Flächen. Hier und da
durchbrechen kleine Baumgruppen und Buschwerk die freie Landschaft. Dies sind
beste Voraussetzungen für Vogelarten wie Schwarzkehlchen, Goldammer, Neuntöter und andere heidebewohnende Arten.

In der Dämmerung und in der Nacht kommen auch die großen Säugetiere in die
Talkessel. Von den eingerichteten Beobachtungspunkten am Rand der Pionierbe-
cken – ein direktes Betreten des Geländes ist nicht erlaubt – kann man mit etwas
Glück Rehwild sichten oder Wildschweine bei der Nahrungssuche beobachten. Die
Tiere pflügen riesige Areale regelrecht um, wenn sie mit ihren Schnauzen die Erde
aufwühlen, um Essbares aufzuspüren.

GEISTERBUSCH

Wohl einer der schönsten Orte in der Kölner Wahner Heide ist der Geisterbusch.
Weideland, auf dem auch Büffel (s. Foto unten) gehalten werden, wechselt mit
Wald, Heide hat große Areale für sich in Anspruch genommen. Damit das so
bleibt, sind hier weite Gebiete eingezäunt und werden durch Nutztiere bewirtschaftet. Der Wanderweg „November" zieht sich einmal mitten durch den Geister-

WILDSCHWEIN

Wissenschaftliche Bezeichnung:
Sus scrofa

Erscheinung: Wildschweine werden bis zu 130 cm lang und können dabei ein Gewicht von nahezu 200 kg erreichen. Ihr Fell ist grau-braun bis schwarz. Jungtiere (Frischlinge) haben ein längs gestreiftes, ockerbraunes Fell.

Nahrung: Knollen, Wurzeln, Eicheln, Kastanien, Mais

Wissenswertes: Männliche Tiere (Keiler) leben ab einem Alter von einem Jahr als Einzelgänger. Eine Gruppe von Wildschweinen, die meist aus weiblichen Tieren (Bachen) und Jungtieren (Frischlingen) besteht, nennt man Rotte. Die älteste Bache hat die Führungsrolle inne. Im Winter ist Paarungszeit bei den Wildschweinen, im Frühjahr kommen bis zu zehn Jungtiere zur Welt.

Lebensraum: Wildschweine leben als dämmerungs- und nachtaktive Tiere im Wald. Zur Nahrungssuche kommen sie bis auf landwirtschaftlich genutzte Felder, wo sie oft großen Schaden anrichten. In der Kölner Gegend sind sie in der Wahner Heide, im Chorbusch (Stadtbezirk Chorweiler), rund um die Naturschutzgebiete Dellbrücker Heide und Oberer Mutzbach (beide Stadtbezirk Mülheim) und in vielen anderen Naturschutzgebieten zu finden.

busch. Wenn man diesen in südlicher Richtung weiterläuft, stößt man linker Hand auf einen Nadelwald, der mit süßen Düften den Naturliebhaber in seinen Bann zieht. Wer in die märchenhafte Landschaft eintaucht, in der sich auch Birken im knietiefen Wasser spiegeln, Klee und Fingerhut in ihren schönsten Farben leuchten und Ringelnattern den Weg kreuzen, hat die Kölner Stadtgrenzen bereits überschritten.

An Wochenenden ist auf den Wegen um das Gebiet des Geisterbusches ähnlich viel los wie auf der Schildergasse, doch an frühen Morgen während der Woche trifft man nur wenige Besucher, dafür aber zahlreiche Vertreter der Tierwelt. Hier bietet die offene, vielfältige Landschaft aus Buschwerk, Heide- und Ginsterfeldern Lebensraum für die zuvor erwähnten Tierarten. An den Wegrändern begleiten Schmetterlinge den Besucher, vor den Füßen rascheln immer wieder Zauneidechsen im Unterholz. Vielleicht erspäht man auch eine Blindschleiche. Wenn die großen Panzerfahrrinnen im Frühjahr voll Regenwasser stehen, kommen Erdkröten, um sich in ihnen zu paaren und Laich abzulegen: in der Hoffnung, dass die Frühjahrssonne die Pfützen nicht vor der Entwicklung der Kröten austrocknen lässt.

ERDKRÖTEN

....

Wissenschaftliche Bezeichnung:
Bufo bufo

Erscheinung: Die Weibchen sind mit ca. 12 bis 14 cm größer als die Männchen, die nur höchstens 8 cm lang werden. Die warzige Haut der Erdkröten kann sehr unterschiedlich gefärbt sein: Dunkelgraue bis braune Rücken kennzeichnen die meisten Tiere, manche weisen auch dunklere Flecken auf. Die Unterseite ist heller. Ihre Augen mit roter bis kupferfarbener Iris und waagerechten Pupillen stechen intensiv hervor.

Nahrung: Insekten, Kleinsttiere, Würmer

Wissenswertes: Die Erdkröte benötigt zur Ablage ihrer Laichschnüre mit einigen Tausend Eiern warme Gewässer. Die Tiere kehren zur Fortpflanzung meist an die Gewässer zurück, in denen sie geboren wurden, und nehmen dafür oft kilometerlange Wanderungen auf sich. Ab Mitte Oktober hält die Erdkröte Winterruhe.

Lebensraum: In Köln kann man die Erdkröte noch an vielen Orten finden, ganz im Gegensatz zu ihrer Verwandten, der Kreuzkröte. Erdkröten kann man gut in den großen Pfützen der Wahner Heide beobachten, die sie zum Teil zum Laichen nutzen, außerdem in den Naturschutzgebieten Worringer Bruch (Stadtbezirk Chorweiler) und Oberer Mutzbach (Stadtbezirk Mülheim).

SCHEUERMÜHLENTEICH

Am äußersten Rand der Wahner Heide liegt gut versteckt in direkter Nachbarschaft zum Wohngebiet der Scheuermühlenteich. Der kleine See ist beliebt und hochfrequentiert, je nachdem, von wo man ihn betrachtet, vermittelt er den Eindruck, inmitten eines tiefen Waldes zu liegen. In dessen Osten wirkt dieser undurchdringlich: Umgestürzte, moosbewachsene Bäume machen Laune, auf Feen, Elfen oder andere Märchenwesen zu warten.

Die Tierwelt um den Scheuermühlenteich ist unglaublich artenreich. Alle typischen Wasservögel lassen sich hier beobachten. Rotwild traut sich in stillen Nächten bis an den See, Wildschweine statten dem umliegenden Gebiet nachts einen Besuch ab und im Wald lebt Rehwild. Marder, Eichhörnchen und sämtliche Vogelarten haben in diesem Gebiet einen ungestörten Lebensraum gefunden. Mit viel Zeit und offenen Augen kommen Tierbeobachter auf ihre Kosten.

Vom Westufer, direkt hinter dem kleinen Parkplatz, hat man einen ungehinderten Blick auf den See, seine Bewohner und – wer gerne frühmorgendliche Natur für sich alleine genießen mag – den Sonnenaufgang. Wenn es noch dunkel ist, sucht man sich am Ufer ein Plätzchen und wartet auf die ersten Vogelstimmen, die den Tagesanbruch einläuten. Noch be-

RINGELNATTER

....

Wissenschaftliche Bezeichnung:
Natrix natrix

Erscheinung: In der Regel wird die Ringelnatter bis zu 120 cm lang, in Ausnahmen bis zu 2 m. Der Körper der Reptilien ist grau bis schwarz, es kommen sowohl sehr helle als auch komplett schwarze Tiere vor. Die Unterseite ist heller als die Oberseite. Hinter dem Kopf befinden sich auf beiden Seiten zwei gelbe halbrunde Flecken.

Nahrung: Fische und Amphibien

Wissenswertes: Die tagaktive Ringelnatter ist für den Menschen völlig ungiftig. Im Sommer legen die Weibchen bis zu 30 Eier, aus denen im August die Jungtiere schlüpfen. Ringelnattern schwimmen sehr gut und jagen oft im Wasser ihre Beute. Von Oktober bis April überwintern die Tiere.

Lebensraum: In Köln findet man neben der Ringelnatter nur noch eine weitere Schlangenart: die Schlingnatter. Beide leben in der Wahner Heide und sind in der offenen Landschaft an sehr warmen Tagen hin und wieder zu beobachten. Auch im Chorbusch (Stadtbezirk Chorweiler) leben noch Ringelnattern.

vor die Sonne am Horizont auftaucht, malt sie schon pastellene Töne an den Himmel und auf die Oberfläche des Scheuermühlenteichs. Dann erlebt man traumhafte Landschaft in direkter Nachbarschaft zum hektischen Stadtalltag und dem Köln-Bonner Flughafen.

REGISTER

LITERATURVERZEICHNIS

Dierschke, Volker: **Welcher Vogel ist das?**, Franckh-Kosmos Verlag 2007, Stuttgart

Eisenreich, Wilhelm/Alfred Handel/Ute E. Zimmermann: **Der Tier- und Pflanzenführer für unterwegs**, BLV Buchverlag 2003, München

Ineichen, Stefan/Max Ruckstuhl/Bernhard Klausnitzer (Hrsg.): **Stadtfauna – 600 Tierarten unserer Städte**, Haupt Verlag 2012, Bern

Selbst, Siegfried: **Grundwissen Jägerprüfung**, Kosmos Verlag 2011, Stuttgart

www.gesetze-im-internet.de/bundesrecht/bnatschg_2009/gesamt.pdf, letzte Einsicht am 9. Januar 2015; ein Service des Bundesministeriums der Justiz und für Verbraucherschutz in Zusammenarbeit mit der juris GmbH – www.juris.de

DER AUTOR UND DAS PROJEKT „NATÜRLICH KÖLN"

Sven Meurs wurde 1980 in Kleve am Niederrhein geboren. Schon früh ist er durch die Wälder gezogen und hat seine Leidenschaft für die Natur und deren Bewohner entdeckt.

Seit 2004 lebt und arbeitet er als Krankenpfleger, Dozent in der Erwachsenenbildung, Moderator und Fotograf in Köln.

Als Initiator des Projekts „Natürlich Köln" hat er es sich zur Aufgabe gemacht, die Domstadt von ihrer wilden Seite zu zeigen und das Nebeneinander von Mensch und Natur im urbanen Umfeld darzustellen.

Das Buchprojekt „Natürlich Köln" entstand im Zusammenhang mit multimedialen Vorträgen, Fotoworkshops und Ausstellungen zum Thema „Natur in der Stadt".

Ziele des Projekts und Vortrags sind:

• das Interesse an der Natur und deren Bewohnern zu wecken

• unbekannte Naturschätze im Stadtbereich Köln aufzudecken und sichtbar zu machen

• die Einwohner der Stadt für die Flora und Fauna im Stadtgebiet zu sensibilisieren

• der Stadtnatur eine Lobby zu geben

Weitere Informationen zum Vortrag und Workshop sowie zu Bildgalerien gibt es unter: www.natuerlichkoeln.de
Kontakt: info@natuerlichkoeln.de

DANK

Ohne die Unterstützung verschiedener Menschen hielten Sie dieses Buch jetzt wohl nicht in Ihren Händen. Mein Dank gilt all jenen, die im Buch erwähnt sind, die sich Zeit genommen haben, mir ihre Arbeit zu erläutern, und denen ich über die Schulter sehen durfte. Danke für tolle Einblicke, neue Erkenntnisse und für ihr Bemühen, die Natur in der Stadt ein bisschen besser zu machen.

Mein Dank gilt Bastian Schlaudraff für detaillierte Informationen über die heimische Tierwelt, für die Korrektur der ersten Entwürfe, vor allem aber für unzählige und einzigartige Momente in der Natur und unsere Freundschaft, sowie Rüdiger Focks, der akribisch am Manuskript gefeilt hat.

Ich danke Werner Köhler und Inga Menkhoff von der LKO Verlagsgesellschaft, die von meinem Projekt „Natürlich Köln" begeistert waren und es so großartig ins Buchformat geformt haben. Meiner Lektorin Doreen Reeck, die all das ausgebügelt hat, was ich im Deutschunterricht verpasst habe.

Meinen Eltern, die bei allem, was ich in meinem Leben vorhatte und getan habe, stets hinter mir standen, meinem Vater, der mir schon als Kind die Fotografie nahegebracht hat.

Mein unendlicher Dank geht an meine Familie. An meine Frau Julia, die immer an mich glaubt, mich in meinen Ideen unterstützt und so oft auf mich verzichten muss, wenn ich in der Natur unterwegs bin. Und meinen Kindern, einfach dafür, dass ihr das Beste seit, was es auf der Welt gibt!